地球は心をもっている

生命誕生とシンクロニシティーの科学

喰代栄一
Eiichi Hojiro

日本教文社

アーナ・A・ウィラー博士
（撮影　SEIICHI）

つながっている心

地球の反対側にいる君がうれしいと僕もうれしい
そうすると地球にいるみんながうれしい
地球の反対側にいる君が悲しいと僕も悲しい
そうすると地球にいるみんなが悲しい
この星《ガイア》はひとつの大いなる心　場《マインド・フィールド》につつまれていて
すべての意識がつながっているから

喰代栄一詩集『心的惑星圏』より

虹の掛け橋

虹の橋を渡って、君は東の国からやってくる
麻の袋に心をいっぱい詰め込んで
虹の橋を渡って、君は西の国からやってくる
数式をびっしり書き込んだ百冊のノートをかかえながら
誰がつくったのだろう、この美しい七色の橋は
僕は夢のなかで必死に呪文をとなえている
この橋がいつまでも空にかかっていますように、と――

喰代栄一詩集『心的惑星圏』より

まえがき

地球は、大きなひとつの心をもっている。その心が、生命誕生やシンクロニシティーの発生に深くかかわっている。そんなことを説く仮説を本書で紹介しよう。

アメリカに住むアーナ・A・ウィラー博士が一九九六年に提唱した仮説だ。彼はスウェーデン王立科学アカデミー天体物理学の名誉教授である。在職中カナリア諸島やアフリカ西海岸沖の島に太陽観測天文台を建てた。その功績により、スペインのカルロス国王と、スウェーデン国王のグスタフ十六世より叙勲された。いずれも最高レベルの文化勲章だ。祖父は世界的に有名なスウェーデンの劇作家、アウグスト・ストリンドベリである。

その彼が、『惑星意識《プラネタリー・マインド》』(邦訳、日本教文社)という本のなかで主張した。私たちは地球という惑星のもつ大いなる心(意識)につつまれている、と——。そしてその心を、「プラネタリー・マインド・フィールド」と呼んだ。「プラネタリー」というのは「惑星の」という意味で、「マインド」は「心」、「フィールド」は「場」のことだ。したがって直訳すれば「惑星《わくせい》心《しん》場《ば》」となる。そしてこの場が私たちの地球生命圏にあまねく存在し、過去から現在にいたるまで人類を含むすべての生命に影響を与え続けてきた。なんと大胆な仮説ではないか。私は本書でこれを「ウィラーの仮説」と名づけた。

これは世に名高い「ガイア仮説」を一歩前進させたものともいえる。ガイア仮説は一九六九年、イギリスの科学者ジェームス・ラヴロック博士によって提唱されたものだ。ラヴロック博士は考えた。地球に生命が生まれてから約三十八億年ものあいだ、地球環境の化学的特性は常に最適に保たれてきた。なぜなら、地球自体がひとつの生命体をなしているからだ――。そして、作家である友人ウィリアム・ゴールディングが、その生命体を「ガイア」と名づけた。

このガイア仮説は、地球の物質循環系に、生命現象特有の「恒常性《こうじょうせい》」が見いだされることに着目したものだ。恒常性とは、生命が自分の体のなかの変化を極力一定に保とうとする性質だ。ホメオスタシスともいう。ところが「惑星心場」では、いってみれば人間などの生命に心があるように、地球生命ガイアにも一種の心的現象があると考える。つまり、ガイアの身体がたんに恒常性を保つだけでなく、そこに心も宿っているというわけだ。そう考えると、いままで解決できなかった科学上の謎が解けそうだ。

有名なダーウィンの自然淘汰《とうた》説によると、生物の進化は偶然の突然変異によって生まれた生物が、うまく環境に適応できた場合に生き残ってきたと説明している。しかしそれを数学的・確率論的に計算すると、どうしても説明できないことがある。新しい生物が偶然現れて、人間のような生物にまで進化してくるには、とてつもなく長い時間がかかるのだ。それは宇宙の年齢をはるかに超えてしまう時間だ。しかし地球は「惑星心場」につつまれていて、その誘導にしたがって生命が進化してきたと考えれば問題ないのではないか。ウィラー博士はそう考えたのである。

また「惑星心場」の存在を仮定すると、本書の第一章から第三章までに紹介するような不思議なことがなぜ起こるのかが説明できそうだ。

その不思議なこととは、まず第一に、地球に生命が発生したことである。現代の科学では太古の地球上で、偶然の化学反応がうまく重なって生命ができたと考えられている。しかし、それをくわしく追究していくと数多くの謎に直面する。次に不思議なことは、まさに神業としか思えないほど巧妙な、人間の受精、妊娠、出産のメカニズムである。なぜかくも巧妙な受精、妊娠、出産のプロセスを通って、すべての人間がこの世に誕生するようになっているのか。目を転じてみると、さらに不思議なことが身のまわりで数多く起こっていることに気がつく。「偶然の一致」である。それを深層心理学者のユングは、シンクロニシティーと名づけた。まるで意味ありげに起こるそれら複数の出来事は、私たちのまわりでなぜそんなに頻繁に起こるのか。

実は、それらの現象は、「惑星心場」の関与なしには起こりえないのである。というと、その「惑星心場」とはいったい何なのかと、誰しも疑問に思うだろう。それを第四章でくわしく説明するが、ここでわかりやすくいうとすれば、それは宇宙のビッグバンで粉々になった宇宙意識が、地球で局在化したもののようだ。つまり、宇宙の唯一絶対的な存在から分化して出てきたもののひとつが、「惑星心場」なのである。

あなたはこれを、まったく見当はずれの仮説と思うかもしれない。しかし、この考え方は、けっして新しいものではないし、奇抜なものでもない。紀元前三世紀に活躍した「新プラトン主義哲学」の創始者プロティノスや、十七世紀の哲学者スピノザなども同じようなことを考えていたからだ。たとえばプロティノスは、宇宙唯一の神的存在から、理念や魂が流れ出てきたと考えていた。そして世界は息吹を吹き込まれたひとつの有機体だと考えていた。ウィラー博士はその考え方を現代流に解釈し直して、科学の言葉で語っているだけなのだ。まさに温故知新である。

地球上の生命現象はすべて遺伝子の情報をもとに、見事なまでの精密さでいとなまれている。それは、とても人間の力で行えるものとは思えない。誰かが遺伝子に生命の設計図を書き込んだに違いない。そう主張して、その偉大なる何ものかを「サムシング・グレート」と呼んでいる日本の科学者がいる。筑波大学名誉教授の村上和雄博士だ。バイオテクノロジーの分野では世界的な権威である。

私は村上博士のこの考え方を、はじめは少々眉につばをつけて聞いていた。しかし、ウィラー博士と出会ってから、考え方が一変した。もしかすると、サムシング・グレートの正体は、「惑星心場」かもしれないからだ。これに関しても、本書でくわしく解説しよう。

本書執筆にあたり多くの方々からあたたかいご協力をいただいた。ウィラー博士はもとより、村上和雄博士、オルタナティブ・セラピーの大家ラリー・ドッシー博士、ゼロステクノロジー社社長ナリ・カナン氏、船井メディアのディレクター人見ルミさん、千葉商科大学講師の野呂一郎氏、ホームページ「心の海」と、「シンクロニシティー・ウォッチング」の主催者の方々、そして第三章で詳述するように本書を書くきっかけを与えて下さった日本教文社の黒河内将氏にはとりわけお世話になった。ここに深く感謝の意を表したい。

地球は心をもっている●目次

第四章●母なる地球をつつむもの、それは……　151

第一章●神秘のベールにつつまれた生命の起源

●二千億分の一グラムの糸に書き込まれた三十億文字の情報

生命の設計図とされる遺伝子。不思議なことに地球上のほとんどすべての生命は、この遺伝子による同じ原理で生きている。私たちのお腹のなかにいる大腸菌も、美しい花を咲かせるバラも、トンボやチョウも、ペットとしてかわいがられるイヌやネコも、アフリカのライオンも、みな同じ遺伝子の働きによって生きている。遺伝子の働きによって、生命はその体をつくり、変化する環境に対応しながら生活をいとなみ、子孫を残していく。

遺伝子のおおもとは、DNAである。正式にはデオキシリボ核酸という。よく知られているように、右巻きの二重らせん構造をしている糸状の物質だ。これをはじめて取り出したのは、弱冠二十五歳のスイス人生化学者フリードリッヒ・ミーシャーだった。一八六九年のことだ。彼は患者の包帯についている膿《うみ》をうすい塩酸で洗って、リンを多量に含む酸性の物質を取り出したのである。そして、ほぼ四分の三世紀がたって、そこに書き込まれている情報がたった四種類の化学物質からできていることがわかった。アデニン、チミン、シトシン、グアニンと呼ばれる四種類の化学物質だ。四種類の化学文字といってもいい。それらの文字の組み合わせが、その生命の情報なのだ。地上の生命はみな、この化学文字を遺伝子のなかにもっている。

驚くべきことは、遺伝子の大きさである。私たち人間の遺伝子の幅は一ミリの五十万分の一という細さなのだ。想像ができないくらい細い糸である。長さはというと、ひとつの細胞のなかに入っている遺伝子を全部つなぎ合わせると一・八メートルになる。ところが重さは、なんと一グラムの二千億分の一だという。今この地球に住んでいる六十億人分の遺伝子を全部集めても、米粒ひとつの重さにしかならないのである。そんな遺伝子のたくみな仕掛けによって、私たちは生きているのだ。

さらに驚くべきことは、そのきわめて小さな遺伝子のなかに、およそ三十億にものぼる数の化学文字が書き込まれているということだ。人間は四十六本の染色体をもっている。二十二本がそれぞれ二対ずつの四十四本と、男性ならX染色体とY染色体それぞれ一本ずつ、女性ならX染色体二本で、合計四十六本だ。この染色体のなかに人間をつくるのに必要なDNAが詰まっているのだが、そのDNA全体に三十億対の化学文字が整然と書き込まれている。

この文字数は、いまあなたが読んでいるこの本のおよそ二万冊分に相当する情報量になる。その厖大な情報を両親から受け継いで、私たち人間はこの世に存在している。私たちはみな父親からこの本二万冊分の情報、そして母親からも二万冊分の情報を受け継ぐ。そして生まれる過程でそれらを混合させ、半分にして、みずからも二万冊分の情報を体の細胞すべてに等しくちりばめてもつのだ。もしかすると、この情報量は少ないのではないかと思われる方がいるかもしれない。たしかに、人間という高等生物がこの本二万冊分の情報だけでできているとは信じがたい。しかし、現在わかっているところでは、このすべての情報が活躍しているわけではないのである。一説によると、これら厖大な情報のうちわずか十パーセントだけしか実際に使われていないという。となると、十分の一になるから、実際に生命活動に必要な情報量はわずかにこの本二千冊分相当ということになる。

たったそれだけの情報量で、私たちの体の活動がいとなまれているのだ。ひとことに体の活動というが、これはたいへん複雑ないとなみであり、見事な仕組みが体のいたるところにある。さらに私たちは高度な心をもっている。怒ったり悲しんだり、恋をしたり、むずかしい哲学や数学の問題を考えたりする。そのような生命が、この遺伝子情報のもとに寸分たがわずつくられているのだ。まさに驚異としかいいようがない。

それでは残りの九十パーセントの遺伝情報は、いったい何のためにあるのか。この点については、いまのところよくわかっていない。しかしながら、私たちの遺伝情報が二千億分の一グラムという糸状の物質に、三十億個の化学文字として書き込まれていることは事実なのだ。いったいなぜ、このようなことになったのであろう。

●生命の胞子は宇宙空間をただよって地球にやってきた?

地球に生命が誕生してから、三十八億年が経過したという。最近の研究によると、宇宙が誕生してから百五十億年たっているというから、地球における生命の歴史は宇宙の歴史の後半四分の一に起こったことである。そのような期間、地球の生命は進化してきた。そして現在、もっとも高等な生物であると思われる人間が地上に現れている。そしてその人間が前述のように、三十億個の化学文字で書かれた遺伝情報をもつにいたったのだ。なぜだろう。そのような問いかけをすると、おそらく誰もがまず最初に、生命という不思議なものはどのようにしてこの地球に誕生したのかと、問わずにはいられないだろう。

実は、これは古来からのたいへん大きな謎で、人間は古代ギリシャの時代からこの問題に取り組んできたのである。ところが残念ながら、人間は現在にいたるまでこの問題を科学的に解くことができないでいる。しかし、生命の起源についての仮説はいくつもある。そのなかから現在となえられている主なものを紹介してみよう。

まず初めは、生命の種子は宇宙からやってきたという説だ。地球外生命起源説である。その代表はおそらくスウェーデンの化学者スバンテ・アレニウスが一九〇八年に発表したものであろう。アレニウスによれば、銀河系のどこかの惑星で誕生した生命の胞子がその惑星重力圏から押し出されて宇宙空間を浮遊し、やがて地球に漂着したのだという。それがもとになって地球に生命が誕生し、進化したというわけだ。しかしこの説に対しては、いくつかの批判がある。

まず第一は、この説は生命誕生の場を地球から他の惑星にすりかえただけであり、他の惑星でどのようにして生命が誕生したのかを説明していない、という批判だ。第二は、生命の胞子は宇宙空間をただよっているあいだ、宇宙空間にある強烈な放射線にこわされてしまうはずだという批判である。第三は、宇宙の真空にさらされると、胞子のなかにある少量の水分が瞬時に蒸発するため、胞子はこわれてしまうはずだという批判だ。第四は、たとえ胞子が地球までただよってきたとしても、太陽からの強烈な放射線のため急激に熱せられ、胞子は死んでしまうという批判である。いずれももっともな批判であり、いまは多くの科学者がこれらの批判を支持している。

●他の星の知的生命体が生命の胞子を地球に送り込んだ?

ところが意外なことに、生命の胞子は宇宙空間をただよってきたのではなく、他の星の知的生命体によって意図的に地球に送り込まれ、ばらまかれたのだと主張する世界的に有名な科学者がいる。遺伝子DNAが二重らせん構造をしていることを発見してノーベル賞を受賞したイギリスの分子生物学者フランシス・クリックがその人である。アメリカにあるサーク生物学研究所のL・オーグルとともにとなえられたこの説は、一見とんでもない仮説のように思えるが、れっきとした根拠があったのだ。それは、次のふたつである。

一、地球生物の生体内で重要な役割を演じるモリブデンの、地球での割合が小さすぎる。
二、地球生物の遺伝物質が単一である。

解説しよう。まず第一の点。生物の生体反応ではモリブデンという金属が非常に重要な役割を演じている。しかしながら、地球におけるモリブデンの存在比はわずか〇・〇二パーセントである。ところが他の金属は、たとえばクロムの存在比は〇・二パーセント、ニッケルは三・一六パーセントになっている。生命が本当にこの地球で生まれたのなら、生体内でもこれら金属が重要な役割を演じているはずである。しかし実際はそうなっていない。したがって、いまの地球生物はモリブデンがもっと多い他の惑星で発生したに違いない。彼らはそう考えたのだ。

次に第二の点。前にも述べたとおり、地球上のほとんどすべての生物は、みな同じ化学文字を使って遺伝子DNAをつくっている。地球にはたった一種類の遺伝方式しか存在しないのだ。これはきわめて奇妙なことである。もし生命が地球で自然発生的に生まれたのなら、遺伝情報をになう化学物質はもっとたくさん発生しているはずではないか。いまの遺伝子とはまったく違う形の遺伝子があると考えた方が自然である。しかし、実際は一種類の方式しかない。これは他の惑星の知的生命体が意図的に、いまのただ一種類の遺伝方式をとる生命の種子を地球に送り込んだとしか考えられない。だとすれば、当然のことながら生命の種子は宇宙空間に存在する強烈な放射線から保護されていたと考えられる。

いかがであろう。このように理詰めにいわれると、もしかすると私たちの生命の故郷は、どこか遠い他の惑星にあるのかもしれないと思ってしまう。しかしながら、この説はいま、科学者たちからあまり支持されていない。その理由は、最近になって、生命が誕生して進化し始めたと思われる原始地球の海で、モリブデンは現在よりも多く存在していたことがわかったからだ。さらに、クロムやニッケルなどの金属も、生物の体のなかでモリブデンと劣らず重要な働きをになっていることがわかったからである。また、生命の遺伝情報が完璧に同一の方式であるとはいえないことも明らかにされつつある。それでこの説をとなえたクリック本人も、あとになって「RNAワールド仮説」にくらがえしてしまった。これについてはもうすこし先で説明しよう。

●地球上の生命は火星からやってきた?

とはいえ、この地球外生命起源説に夢をもっている科学者たちがいることは事実である。歴史をひもとけば、この考え方は古代ギリシャの哲学者アリストテレスによって提唱され、十七世紀にはドイツの哲学者ライプニッツによって継承された。あとで述べるように、現在はイギリスの天体物理学者フレッド・ホイルなどによっても支持されている。また一部の科学者たちは、宇宙には生命の種子があまねく存在し、生命発生の条件のそろった環境にある星にはそれが根づいて、そこに必ず生命が誕生すると考えている。

そのような人たちにとって、一九九四年、射手《いて》座B2と呼ばれるガス雲のなかに、生体をつくる重要なアミノ酸のひとつ、グリシンが存在することがつきとめられたのは嬉しいことであっただろう。また、地球から三十五光年ほどのところにある、乙女座《おとめ》70という星に水が存在し、生命のもととなる複雑な有機物も形成できる環境にあることがわかったというニュース(一九九六年一月)も、胸躍らされるものであったに違いない。さらに、火星から飛来した隕石のなかに生命の痕跡らしきものが発見されたというニュースは、彼らの夢をおおいにふくらませるものであった。

このニュースは一九九六年八月、世界の各紙に掲載された。アメリカ航空宇宙局(NASA)のデビッド・マッケイ博士と、スタンフォード大学のサイモン・クレメット博士は、一九八四年に南極で採取された火星由来の隕石を分析したところ、微生物の化石と思われる化学物質を見つけたというのだ。そして、同じくスタンフォード大学のリチャード・ザレ博士にいたっては、「地球上の生命が火星からやってきたことだって否定できない」とまでいったのである。

ところが一九九八年早々に、これにまっ向から反論する科学者たちが現れた。アメリカにあるスクリプス海洋研究所のジェフリー・ベーダ博士と、アリゾナ大学のティム・ジェル博士たちである。問題の隕石に付着していた物質をくわしく分析したところ、地球起源とみられる物質が大量に付着していることがわかったからである。しかしNASAは、あくまでその物質は火星の生命体がつくった有機物の可能性が高いとして譲らない。さて、この決着はどうつくのであろうか。

一九九九年一月にNASAは、生命に欠かせない水分が火星にあるかどうかを調査するための無人探査機を打ち上げた。十一ヵ月後に、この探査機は火星の南極地域に軟着陸して土壌を採取し、水分の有無を調べることになっている。そして二〇〇五年にはまた別の探査機を打ち上げて、土壌を採取し、それを二〇〇八年に地球に持ち帰り、分析する予定だという。この計画がうまくいけば、火星に微生物などの生命が存在するのか、あるいは過去に存在していたかが確実にわかるだろう。いまから結果が楽しみである。

話がすこし横道にそれたので元にもどそう。クリックたちが主張したように、もし仮に生命の種子が他の星の知的生命体によって地球に送り込まれたとしてみよう。そうすると、私たち人間の遺伝情報が三十億個の化学文字で整然と書き込まれていても不思議ではないということになる。その場合、その知的生命がその故郷の星でどのようにして生まれたのかという謎は依然として残る。しかし、生命は必ず地球で誕生していなければならないということはない。宇宙のどこかで誕生した生命が、ちょうどドル紙幣が世界に流通しているように、宇宙全体に流通しているかもしれないからである。

●生命のもとは地球上の物質の化学反応によって生まれた？

次は、分子進化説という考え方だ。科学的なものの見方の好きな現代人にとって、この考え方はもっとも受け入れやすいかもしれない。それは原始地球のさまざまな環境によって、単純な化学物質から複雑な化学物質がつくられ、それが徐々に進化して、最終的に生命になったという説である。

かの有名な、モスクワ大学のアレグザンドル・オパーリンが一九二四年に発表した考え方がこの説の代表である。彼によると、原始地球の内部から吹き出したどろどろに溶けた炭素などの化学物質が、大気中の水蒸気と反応して有機物質ができた。次に、大気中にあったアンモニアと反応して窒素化合物ができた。やがて地球が冷えて海ができると、それらの化学物質が海に溶け込んで凝集し、コロイドと呼ばれる状態のものができた。コロイドとは、単純にいえば、液体と固体の中間的な物質の状態のことである。

それからこのコロイド状のものが集まって、膜につつまれた細胞のような丸い構造の物質ができた。彼はその液滴状の物質のことを「コアセルベート」と呼んだ。さらに、その丸い物質は外から有機物をエネルギーとして取り入れることができるようになり、競争と淘汰を繰り返すうちに、原始的な細胞が生まれた。

オパーリンのこの説は、ある程度実験で裏づけられている。そこがこの説の強みである。その実験はあまりにも有名なスタンレー・ミラーの実験である。一九五三年に、アメリカのシカゴ大学で行われたものだ。当時大学院生だった彼は、フラスコのなかに原始地球と同じような大気組成の気体(水素、メタン、アンモニアを一対二対三の割合で混ぜたもの)を入れ、密封した。そしてそのなかで、一週間にわたって六万ボルトの電気を放電させた。

フラスコのなかは、さながら原始地球の様相を呈した。雷がいたるところに落ち、そのエネルギーで複雑な有機物質が合成される……。実際、一週間後、フラスコのなかには生命にとって欠かすことのできないいくつもの有機物質ができていたのである。そしてその後同じような実験が何人もの科学者によって行われ、オパーリンの説を裏づけるような結果が得られた。なかには、先に述べた遺伝情報をになう化学文字そのものであるアデニンが生成されたという実験もあった。

また、有機物質の混合した液体のなかでコアセルベートがつくられることはいくつもの実験で確かめられている、といわれれば、誰もが納得するだろう。この説はたしかに理にかなったシナリオで、単純に考えれば原始の地球でオパーリンのいうとおりのことが起こったのだろうと思える。ところがこの説には強力な反論がある。

そのひとつが原始地球における大気組成の違いである。ミラーは水素、メタン、アンモニアを原始地球の大気と仮定して実験したが、一九七〇年代になって、原始地球の大気にそれらの物質はほとんど含まれていなかったことがわかった。原始地球の大気はほとんどが窒素、二酸化炭素、そして水蒸気でしめられていたのである。実験の前提条件がまるで違っていたのだ。たしかに水素、メタン、アンモニアを混ぜ合わせた気体に高電圧をかけて火花を散らせば、アミノ酸はできるかもしれない。しかしそれはただそれだけのことで、原始地球での生命誕生のドラマとはまったく関係がない。

それでは、ほんとうの原始地球の大気条件を模して同様の実験をしたらどうなるのだろう。残念ながら、その条件下でアミノ酸のような物質をつくることは不可能ではないが、とても困難なのだ。このように、オパーリンの考え方はいまはほぼ誤りであったと思われる。しかし、単純な化学物質がさまざまに進化して、生命情報をになうＤＮＡにまでなったという考え方は依然として魅力的であり、非常に科学的に見える。この点についてはあとでくわしく述べよう。

●遺伝情報は最初は粘土の上に刻まれた？

ところで、オパーリンの説に違う観点から疑問をもっていた科学者がいた。その疑問とは、原始地球の海に溶け込んだ有機物質がはたして大量の海水のなかでコアセルベートになるであろうか、というものだ。実験室でつくられるコアセルベートは、有機物のかなり濃い特殊な状態でできる。しかし、原始地球の大量の海水のなかでは、それらの物質はコアセルベートになる前に拡散してしまうはずだという。

そこでイギリスの物理学者ジョン・バナールは考えた。大量の海水に溶け込んでいた有機物質は、海辺や岸辺の河口近くにある粘土に吸着され、濃縮されて、化学反応が進んでいったのではないかと。世にいう粘土鋳型説である。これは一九四七年に提起された。

そう考えると、納得できそうなことがひとつある。私たちの体のなかにあるアミノ酸の構造についてである。アミノ酸のなかには、私たちの体のタンパク質をつくるのに欠かせないものが二十種類ある。それを必須アミノ酸というが、これらのアミノ酸の構造が、同じアミノ酸について二通りあるのだ。

たとえばグルタミン酸。これは自然界では、L型とD型の二種類が存在する。このふたつのグルタミン酸は、構成する原子はまったく同じなのに、構造が鏡像《きょうぞう》関係にある。つまり、L型のグルタミン酸を鏡に映した形になっているのが、D型のグルタミン酸なのである。これは何も不思議なことではない。グルタミン酸の構造は化学的に二通りあるからだ。ちなみに、ナトリウムと結合したグルタミン酸ナトリウムは、私たちが調味料として使う「味の素」の主成分である。

不思議なのは、自然界には二通りの構造で存在しているのに、生命体のなかでは必ずL型になっていることだ。これは、その他の必須アミノ酸についても同じで、私たちの体のなかにあるアミノ酸はすべてL型で、D型は存在しない。この理由が不明なのだ。

しかし、もし原始海洋に溶けていた有機物質が、岸辺の粘土に吸着され、そこで化学反応が進んでいったとすると、説明がつくかもしれない。粘土のなかには、たとえば石英の結晶のような鉱物が含まれている。ところがそういう鉱物結晶は特殊な構造をしているため、L型の有機物だけを選んで、化学反応をすすめた可能性がある。そのために、いま地上に存在する生物はL型のアミノ酸しかもっていない。そういうストーリーが考えられるのだ。

ともあれこの粘土鋳型説は、有機物が生体物質へと進化していくもっとも初期の段階に粘土が鋳型になったと考える仮説である。この考えをもっと進めたのが、イギリスにあるグラスゴー大学のアレグサンダー・ケアンズ‐スミスである。彼は鉱物の結晶は成長しても分離しても、元の構造と同じ構造が保たれるので、この結晶こそがもっとも初期の生命形態と考えた。そして、粘土鉱物の結晶に有機物が吸着することで、結晶の成長パターンが一種の情報として固定され、同じ情報を保存した結晶が次々とできていったのではないかと考えた。有機物と粘土鉱物の結晶によるこのような相互作用が、やがてＤＮＡのような有機物による遺伝情報システムをつくりあげたというのである。魅力的な考え方ではあるが、これもひとつの仮説であり、証明されているわけではない。

●彗星が生命のもとを地球に運び込んだ？

原始地球の海に溶けていた有機物質は実は彗星が地球にもち込んだのではないかという説がある。太陽系にある彗星は、大きな楕円軌道を描いてまわっている。たとえば、一昨年(一九九八年)十一月十八日未明、条件のよかった場所で「しし座流星群」が観測されたが、実はこれも彗星のなせる業である。

テレビや新聞の事前報道で、もしかすると世紀の天体ショーが観測されるかもしれないというので、私も朝早く起きて見てみようかとも思った。しかし、私の住む東京は空が明るく、しかも大気汚染もある。だから見ることはできないだろうという先入観のためか、どうしても早起きすることができなかった。あとで知った話だが、天文学者たちが彗星のうしろに広がるチリの軌道計算を間違えたため、その天体ショーが予想よりも早い時間に起こったと聞いて、早起きしなくてよかったと思った。それに、観測された流星の数は、さほど多くなかったという。とはいえ、漆黒《しっこく》の空間を美しい筋を描いて飛翔する流星たちをテレビで見たときは、やはり感動した。

しし座流星群というのは、太陽のまわりを三十三・二年ほどの周期でまわっているテンペル・タット彗星が宇宙空間にばらまいているチリからできたものである。一八三三年に壮大な流星の雨が降ってから有名になった。一時間に十万~十五万個の流星が降り、寝ていた人が窓の外の明るさに驚いて飛び起き、世界が焼けると叫んだという。また一九六六年には、アメリカでこの流星群によって、一分間に最高二千五百個の流星雨が観測された。一昨年もこれに匹敵する流星雨が期待されたのだが、残念ながら期待はずれに終わった。流星群といえば、このほかにジャコビニ流星群が有名である。これは一九三三年、ヨーロッパで一時間に五千~六千個の流星雨が降ったというものだ。私は、一生のうち一度でもいいから、このようなものすごい流星雨を見てみたいと思う。

彗星といえば思い出すのが、一九八六年三月のハレー彗星大接近である。不吉な現象のような響きをもって迎えられたきらいもあるが、七十六年ぶりに太陽に近づいてくるこの彗星を、ヨーロッパ宇宙機関の探査機ジオットが待ちかまえていた。そして約二千枚に及ぶ写真を撮影した。その映像は日本でもテレビ放映され、多くの人がテレビの前にくぎづけになった。私もそれを見ていたことを覚えている。またソ連のベガ1号、2号、日本の「すいせい」「さきがけ」もジオット同様数々の観測を行い、ハレー彗星にまつわる神秘のベールがはがされていった。

それによると、核の大きさは長さ十五キロメートル、幅八キロメートルのいびつなジャガイモのような形をしており、表面には直径一キロメートルほどのクレーターに似たくぼみがあった。また、そのくぼみからはジェットがはげしく吹き出していた。さらに、核からは一個の重さが千兆分の一グラムという超微粒子のチリがらせんをえがいて放出され、その量は一秒間に総計三トンにも達していることがわかった。興味深いのは、そのチリのなかに多くの有機物が見つかったことである。これは生命のもとが彗星から地球にもたらされたのではないかと考えている科学者たちをふるい立たせたに違いない。

彼らがそう考える理由はこうである。彗星が太陽に近づくと、彗星を構成する水、一酸化炭素、二酸化炭素、その他各種の分子や有機物が、太陽からの熱であたためられ化学反応を起こして、生命に必要な物質ができるというのだ。一説によると、地球ができてから二十億年のあいだに、百を越える彗星が地球に衝突しており、二億トンから一兆トンの彗星物質が地球にもたらされたという。そのなかにあった生命に必要な物質がもとになって、やがてDNAのような遺伝物質がつくられたのではないかというのだ。

彼らによれば、当時の地球は大気圧が現在の数十倍と高く、また二酸化炭素が主な大気の成分であったため、彗星は突入角度によっては有機物を大量に温存したまま地表に到達することができた。そして生命の発生に必要な物質を大量に含んだ池をつくったに違いないという。なるほど、説得力のある説だ。しかし、その池でどのように有機物が生物に変化したのかまでは説明していない。

●彗星はウイルスを地球にばらまいている?

彗星で発生したウイルスのような生命体が、生きたまま地球に降ってきたと主張している科学者もいる。その代表がイギリスの有名な天文学者、サー・フレッド・ホイルとチャンドラ・ウィックラマシンジである。彼らによれば、彗星はいまもウイルスのような原始的生命体を地球にばらまいている。それにより、過去に周期的な疫病の流行があったという。

たとえば一九一八年から一九年にかけて大流行したインフルエンザのスペイン風邪。これが人から人へ感染したのであれば、最初に患者が見つかった場所から徐々に流行が広がったはずだ。しかし実際は、ボストンとインドのボンベイといった遠く離れた場所で同じ日に患者が発生している。一方、ニューヨークとボストンのあいだは多くの人が行き来していたにもかかわらず、ニューヨークで患者が出たのはボストンで患者が出た三週間後であった。また、一九四八年の大流行のときは、町から遠く離れたところにたったひとりで羊を飼って住んでいた人が、町の人たちと同じ時期にインフルエンザにかかったという。これは、インフルエンザが人から人へと感染するのではなく、ウイルスが彗星によって地球にばらまかれ、気象条件によってほぼ同時に世界各地に降りそそぐことによって起こると考えた方がわかりやすいというのである。

さらに彼らは、百日ぜきがここ百五十年間、世界各地でほぼ三・五年の周期で流行している事実をあげる。これは、三・三年の周期で太陽系をまわっているエンケ彗星が百日ぜきの細菌をその軌道上にばらまいているせいではないかという。この彗星と地球の軌道は交わらないが、彗星から放出された細菌を含む粒子がすこし時間をかけて地球に到達するので、百日ぜきの流行の周期が三・五年になっているというのである。そして、これと同じようなことが、ポリオウイルスによって発病する小児麻痺や、ＨＩＶに感染することによって発症するエイズなどの伝染病でも起こっているというのだ。

しかし、そんなことがあり得るのだろうか。第一、仮に彗星がウイルスをばらまいているとしても、ウイルスたちは宇宙空間の過酷な環境や大気圏突入の際のさまざまな悪条件に耐えられるのだろうか。これに対し、彼らはこう答える。ウイルスがなんらかの保護物質につつまれていれば紫外線による破壊から身を守ることができる。さらに、ある種のバクテリアが極低温や瞬間的な加熱、気圧の変動などに十分耐えられるという実験データがあるから大丈夫だと。

彼らの説をそのまま信じられない人も多いだろうが、これは前に紹介した地球外生命起源説のひとつのバリエーションでもある。ウイルスや細菌、あるいは遺伝情報物質やそのかけらが地球に降ってきて、それが地球上の生命の種子になったという考え方だ。そして、ユニークなのは、ウイルスなどが彗星内部で発生したと考える点である。しかし、ウイルスがどのように彗星内部で発生したかは説明していないので、生命発生の場所をたんに地球から彗星に移しただけではないかという批判がある。しかしあとでくわしく述べるように、地球上で自然に生命が発生する確率がほとんどゼロであるという議論からすれば、彗星に生命発生の場を求めてもおかしくはない。

●数千メートルの深海底で生命は誕生した？

生命が地球上で誕生したことを前提とする、いまもっとも期待されている仮説が、熱水噴出口説であろう。これは一九七七年にアメリカの深海調査船アルビン号がガラパゴス諸島近海で発見したものがきっかけとなって提起された仮説である。アルビン号はそこで、二六〇〇メートルの深海底でなんと摂氏三五〇度という超高温の海水が噴出している穴を発見した。しかもそのまわりにはバクテリアをはじめとして、二枚貝や甲殻類などの生物が群生して棲んでいた。

これに注目したオレゴン州立大学のJ・コーリスたちは、この熱水噴出口が生命の初期進化と深い関わりがあるのではないかと考え、一九八〇年にこの仮説を発表した。その後多くの科学者がこれを補強するシナリオを打ち出して、現在もっとも可能性のある仮説として定着しつつある。それを簡単にまとめると次のようになる。

原始地球の表面は隕石や彗星が頻繁に衝突して、生命が安定して進化するような環境ではなかった。しかし、深海は安定した環境であり、生命の進化にはもっとも都合がよかった。なかでも熱水噴出口付近では、海水が超高温から低温まで段階的に変化する状況が生まれていた。それが流動反応炉のように働いて、メタンなどのガスからアミノ酸などの物質をつくるのに最適の環境となった。つまり、噴出口付近で熱のため合成されたアミノ酸などの有機物質は、循環する海水によって冷やされ、分解されることなく温存される。そして、それらの物質がふたたびこの反応炉に入り込み、アミノ酸はさらに長い分子へと成長した。そのようなことが繰り返されて、生命の基本物質であるタンパク質やDNAが合成された。さらに、吹き上げる熱水は生命現象に対して重要な役割を果たす鉄、マンガン、亜鉛、銅などの金属イオンを大量に含んでいるため、その反応を助けたはずだ。

原始地球はまずどろどろに溶けた状態から固まって、やがてその上を海がおおっていった。したがって生命が誕生しつつあった地球には、いたるところにこの熱水噴出口があったに違いない。いまでもメタンや水素、硫化水素やアンモニアなどを含むガスが噴出している熱水噴出口がいくつか発見されており、原始地球の海底の様子をしのばせている。原始地球では、それら無数の噴出口で、生命の前駆物質が合成されていたのではないか。この説を信奉する科学者たちはそう考えるのである。

そして、実際にこの仮説を裏づけると思われる事実が発見されているのだ。そのひとつが、紅海の海底熱水噴出口で高濃度のグリシンというアミノ酸が検出されたことである。また、三菱化成生命科学研究所の柳川弘志博士らのグループは、熱水噴出口を実験室内で人工的につくり、メタンと窒素ガスからアミノ酸を合成することに成功している。こうなってくると、あなたもこの説を支持したくなるかもしれないが、ちょっと待ってほしい。

ここでもやはり反論があるのだ。オパーリンの仮説を証明しようとして有名な実験を行った、あのスタンレー・ミラーたちによる反論である。彼らによると、熱水噴出口から噴出した海水が循環してふたたび噴出口から出てくるのには、二十~五十年かかる。そこで仮に生命の前駆物質ができていたとしても、その期間三五〇度という超高温と、二〇〇~三〇〇気圧という高圧にはとうてい耐えられないというのである。

いかがであろうか。どのようなことが起こって生命が誕生したのかについて、そのごく初期のシナリオは以上のようにいくつもあるが、そのどれひとつをとってみてもいまの科学では証明できないのである。人類古来からの問いである「私たちはどこから来たのか」について、私たちはその最初の問題から答えることができないでいるのだ。

●生命の起源に関する三つの謎

そもそも生命起源の謎は、次の三つに集約されるといわれている。

まず第一は、生命の材料となる物質がどのようにしてつくり出されたのかという謎。第二は、その材料からどのようにして生命の遺伝情報をもつ分子がつくられたのかという謎。そして第三は、その遺伝情報をもった分子は、どのようにして自分自身を複製するようになったのかという謎だ。

いままで述べてきた仮説は、地球外生命起源説をのぞいて、ほぼ第一の謎と、第二の謎のほんのさわりに挑戦したものといえよう。それらの仮説のどれが正しいのかはわからない。あるいは、まだ考えられていない生命形成の過程があるのかもしれない。しかしながら、生命は現実に誕生したのである。それらは彗星のなかでつくられたのかもしれないし、原始の海の岸辺か深海で、あるいは未知の化学反応が起こってアミノ酸などの物質からつくられたのかもしれない。そしてその結果としていま私たち人間は、三十億個の化学文字で書かれた遺伝子をもっているのである。いったいどうしてそのようなことが起こったのだろう。

生命の材料となる物質がどのようにしてつくり出されたのかという謎を、私たちはまだ解くことができない。しかし、生命の材料となるアミノ酸などの基本的な物質がなぜつくられたかは、そうたいした問題ではない。なぜなら、さまざまな物質であふれる地球では、ごくありふれた化学反応でそれらがつくられたとしてもおかしくないからだ。また宇宙空間は物質の宝庫である。現実に宇宙空間でいくつものアミノ酸が発見されている。それらが地球に運ばれたのかもしれない。いずれにせよ、そこに特別の理論を持ち出してこなくても、とにかく自然の化学反応によってつくられたと考えてもおかしくはないのだ。

驚くべきことは、それらの単純な化学物質から、生命活動に必要な働きをするタンパク質や、遺伝子のような生命情報をもつ特殊な物質がつくられた点である。そしてさらに驚くべきことは、そのような物質が自己複製を繰り返しているという点だ。そう、生命誕生にまつわる三つの謎は、とてつもなく大きな謎なのである。そのわけを次に述べよう。

●単純な分子からより複雑な分子がつくられたというシナリオ

生命の体をつくる素材となっている単純な化学物質の代表的なものがアミノ酸と核酸塩基である。アミノ酸は前にも述べたがタンパク質を構成する成分だ。一方、核酸塩基は遺伝情報を書き込む化学文字の役割をもつ物質だ。これらの物質が、とにかく原始地球でできた。そして、それが海水に溶け、さらに化学反応を起こして、より複雑で大きな分子ができた。そのなかには特殊な働きをもつタンパク質や、DNAに似た分子もあった。それらはあるときひとつの袋のなかに閉じ込められ、原始的な細胞が生まれた。そしてやがてそれは、自分自身をコピーする能力や、外界からエネルギーを取り込む能力を獲得した。それが原始生命で、その後長い長い時間を経て、多種多様な生物に進化していった。これが現在もっとも一般的に信じられている生命誕生のシナリオである。

さてそこで、まずアミノ酸などの単純な物質から特殊な働きをもつタンパク質への化学進化について考えてみよう。先に述べた三つの謎のうち、まず第一の謎への挑戦である。一般に信じられている説からいえば、アミノ酸が海水に溶けていて、それがタンパク質まで進化したという。それは自然現象として、本当に起こることなのであろうか。

この点を確かめるためのさまざまな実験が行われている。たとえば、あたたかい原始地球の海そっくりの環境をつくり出した柳川弘志博士たちによる実験がある。彼らは金属イオンを含んだ海水に九種類のアミノ酸を加え、それを一〇五度に保ちながら四週間おいておいた。すると、タンパク質を含む物質で構成された、直径〇・三〜二・五ミクロンの小さな丸い粒子ができた。そして彼らはこの粒子に「マリグラヌール」という名前をつけた。海の(マリン)環境でできた粒子(グラニュール)という意味の造語だそうだ。注目すべきことは、この粒子が膜状の物質に囲まれており、なかにタンパク質様の大きな分子が入っていた点である。なかには丸い玉がふたつつながって、まるで酵母が発芽しているのではないかと思われる姿のものもあったという。

さらに彼らは、海底熱水噴出口での環境を人工的につくり出した実験も行っている。前に述べたように、彼らは海底熱水噴出口から噴出されるメタンと窒素ガスから、実験室でアミノ酸を合成することに成功している。今度はアミノ酸からもっと大きな物質ができるかどうか調べたというわけだ。彼らは四種類のアミノ酸を含む水溶液をガラス管に入れて、一三四気圧で六時間、二五〇度で熱してみた。するとやはり同じように膜をもち、タンパク質を含んだ小さな球体がたくさんできた。とてもおもしろい実験だと思う。彼らはとにかく実験室で、原始地球のさまざまな環境をつくり出し、原始的な生命がつくられるのかどうか執拗なまでに追究している。素晴らしいことだ。

原始地球の水たまりがあたためられて干あがり、やがてそこに新しい水が入ってきて、また干あがる。そんな環境にアミノ酸があったらどうなるだろうかということも彼らは実験している。グリシンアミドというアミノ酸様物質を含む水溶液を八〇度で熱し、蒸発させ、またグリシンアミド溶液をそこに加える。そしてまた加熱して乾燥させる。そんなことを二十回繰り返した。するとグリシンが九個つながったタンパク質でできたシート状の物質が得られたのだ。

このような実験結果を見ると、原始地球のいろいろな環境で、アミノ酸が進化し、タンパク質がほんとうにつくられていったのかと思う。世の科学者たちの多くがこの説を支持しているのもうなずけるが、次にアミノ酸が自然につながってタンパク質になるということについて、別の角度から見直してみよう。

●タンパク質の生成には非常に大きなエネルギーが必要

いまここにアミノ酸の分子がふたつあるとする。これがつながってタンパク質になるためには、ふたつのアミノ酸から水の分子ひとつがはずれる必要がある。そしてアミノ酸がふたつつながった方の分子にはタンパク質に特有の構造(ペプチド結合)ができる。この反応は自然に起こることなのだろうか。

それを考えるためには、テキサスA&M大学教授ウォルター・ブラッドリー博士らがいうように、分子のエネルギー状態を考えなければならない。というと、ちょっとむずかしいので、たとえ話をしてみよう。

目の前に高さ三十メートルほどの丘があると想像してみてほしい。その丘の上まで歩くのにちょっとした坂道をのぼらなければならない。いま、その丘の上に十リットルほどの水がこぼれたとしよう。水はどうなるだろうか。そう、水は丘の上から流れ落ちるだろう。当然のことだ。しかし、十リットルの水が丘の下でこぼれたらどうであろうか。水は丘の上にけっしてのぼってはいかないだろう。水が丘の上にのぼるためには誰かが運び上げるか、機械の力を使って輸送しなければならない。その水に外からのエネルギーが加わらなければ、重力にさからって水は丘の上にあがることはできないのだ。

実はふたつの分子が反応するということについて、これと同じような検討が必要なのである。つまり、水が丘の上から自然に流れ落ちるような反応なのか、エネルギーを加えて運び上げなければならないような反応なのかを考えなければならないということだ。そしてもしその反応が、水が丘の上から自然に流れ落ちる方ならば、ふたつの分子が出逢えば反応は自然に進む。しかし、もし水を運び上げなければならない方ならば、ふたつの分子が出逢っても、そこになんらかのエネルギーが外から加わらなければ反応は進まないのである。

そこで、ふたつのアミノ酸が反応してタンパク質ができる反応だが、これは水が丘の上から自然に流れ落ちる方なのだろうか。それとも丘の下から運び上げなくてはならない方なのだろうか。読者の方々はもうおわかりであろう。そう、後者なのだ。この反応は、外からエネルギーを加えなければ進まない反応なのである。

ここで、ふたつのアミノ酸を反応させるのに、三十メートルの丘を運び上げるのに必要なエネルギーを加えなければならないと仮定しておこう。

私たちの体のなかで重要な働きをしているタンパク質は、典型的なものでほぼ百個のアミノ酸がつながった構造をしている。では、何種類ものアミノ酸が溶けている溶液から百個のアミノ酸がつながった物質が合成されるには、何メートルの丘を運び上げるエネルギーが必要なのだろうか。前述の仮定のもとにざっと計算すると、百個のアミノ酸をつなげるには、三千メートルの山の頂上に運び上げるほどのエネルギーを加えなければならないことになる。

ここで注意しておいていただきたいのは、この物質は百個のアミノ酸がただ無秩序につながっただけで、タンパク質ではないということである。さらに、それはまだ生命活動に必要な働きをすることができないのだ。

●生命活動に必要な働きをするための四つのハードル

実は、この物質が生命活動に必要な働きをするためには、百個のアミノ酸がある秩序をもってつながっていなければならない。しかしながら、自然界で百個のアミノ酸がきちんと並ぶためには、少なくとも次の四つのハードルをクリアしなければならないのだ。

まず第一は、L型のアミノ酸だけがつながらなければならないというハードルだ。前にもすこし述べたが、自然界では同じアミノ酸でもL型とD型の二種類が存在するのに、生物の体をつくるアミノ酸はなぜかすべてL型である。百個のアミノ酸が無秩序に並んだ物質をつくるのに三千メートルの山頂に水を運び上げるだけのエネルギーが必要だとすれば、L型だけのアミノ酸を百個つなげるには、さらに四百メートルくらい運び上げるエネルギーが必要になる。

第二のハードルは、アミノ酸どうしの結合の仕方について生じる。すでに述べたように、ふたつのアミノ酸がつながってタンパク質になるためには、ペプチド結合というタンパク質に特有の構造をつくらなければならない。しかし、ふたつのアミノ酸が他の形で結びつく可能性は二分の一の確率である。したがって、百個のアミノ酸が全部ペプチド結合という形でつながるためには、さらに四百メートル水を運び上げるエネルギーがなくてはならない。

第三のハードルはちょっと高い。第一と第二のハードルを越えると、百個のアミノ酸がつながった物質は、L型のアミノ酸ばかりで構成される立派なタンパク質である。しかし、これでも生命の機能は果たせない。二十種類ものアミノ酸が、百個のうち少なくとも半分は、ある一定の順番で並んでいなければ、そのタンパク質は生命活動に必要な働きをすることができないのである。それにはさらに九百メートルほど水を運び上げるほどのエネルギーが必要となる。

そして、百個がすべて理想的な順番で並ぶためには、千八百メートル水を運び上げるエネルギーが必要なのである。二個のアミノ酸を結びつけるために三十メートルの丘に水を運び上げるエネルギーが必要だとすると、百個のアミノ酸すべてを必要な順番に並べて生命活動をになってもらうためには、実に五千六百メートルも水を運び上げるエネルギーが必要だという計算になる。

しかもまだハードルはあるのだ。それが第四のハードルで、その高さは計算できないほど高い。いままでは、たとえば原始の海水のなかに二十種類ほどのアミノ酸だけが溶けているという仮定だったのだ。原始地球の海水にはアミノ酸だけではなく、いろいろな物質が溶けていたはずである。それらの物質は必ずアミノ酸と反応したであろう。アミノ酸ひとつと、アミノ酸でない他のひとつの分子が反応するのに、ほんの一メートル水を運び上げるだけのエネルギーで済んでしまうものは数え切れないほどあったはずだ。つまり、アミノ酸は容易に他の物質と結びついてしまうのだ。そのような環境のもとで、アミノ酸が百個秩序よく並んだタンパク質ができるとしたら、容易には実現しない特殊条件があったとしか考えられない。

前に、何種類かのアミノ酸溶液に熱を加えてマリグラヌールというタンパク質をつくった実験のことをお話しした。これはとても素晴らしい実験であるが、基本的にはアミノ酸溶液にエネルギーを加えるというもので、アミノ酸と結びつきやすい他の物質は含まれていない。その意味では、原始の海の環境をそのまま反映していない。その実験のよいところは、アミノ酸溶液からタンパク質がつくれることを示したことにあるのであって、その実験のような特殊条件があったならば、生命の基本物質ができることを示した点にある。

それでは、その条件とはなにか。つまり、さまざまな物質が溶けている水のなかから必要なアミノ酸だけを選び出して結びつけ、生命活動をになうタンパク質を合成する。それはどんな条件があればできるのだろう。それがすでに述べたいくつかの仮説なのだ。ある人は彗星のなかでしかそういう条件はないといい、ある人は粘土の結晶の上にあるといい、またある人は熱水噴出口近くにあるなどという。しかしながら、そのどれひとつをとってみても、科学的に証明されてはいない。生命誕生の謎は、その第一の謎からして、このようにとてつもなく大きいのだ。

●アミノ酸が正しく並ぶ確率は限りなくゼロに近い

アミノ酸が百個つながったタンパク質が生命活動に必要な機能を果たすためには、そのアミノ酸がある秩序をもって並んでいなければならなかった。その秩序をつくり出すため、外部から加えられなければならないエネルギーがいかに大きいかについて、水を山に運び上げるというたとえを使って説明した。今度は観点をすこし変えて、アミノ酸が百個秩序だって並んだタンパク質が偶然できる確率は、どれくらいかを考えてみよう。

先にも述べたが、生命の体を構成するアミノ酸には二十種類ある。そして、同じ種類のアミノ酸でもL型とD型の二種類がある。問題を簡単にするため、原始の海に二十種類のアミノ酸が、それぞれL型とD型として同じ濃度で溶けていたと考える。そしてそれ以外の物質は反応しないものとする。つまり、純粋にアミノ酸のスープのなかで、アミノ酸どうししか反応しないとするのである。実際の原始の海ではもっと条件は悪かったであろうが、計算しやすいように仮にこのような条件を設定してみるのだ。そうすると、百個のアミノ酸が秩序だって並んでつながる確率はどれくらいになるのだろうか。

簡単に考えてみよう。二十種類のアミノ酸にそれぞれL型とD型の二種類あるのだから、全部で四十種類あるといってもいい。そのなかから一番目のアミノ酸を選ぶ確率は四十分の一である。そして二番目のアミノ酸を選ぶ確率も四十分の一である。これが百回繰り返されるのだから、百個のアミノ酸がすべて目的どおりの順番で並んだタンパク質ができる確率は、四十の百乗分の一ということになる。これはおよそ十の百六十乗分の一という数字である。とんでもなく小さい確率であり、これはまず偶然には起きないことを物語っている。百個のアミノ酸がすべて正しく並んでいなくてもある程度生命活動に役立つ働きをすることがあるので、仮に百個のうち半分が正しく配列したと考えても、まだ十の八十乗分の一というきわめて小さな確率なのだ。

しかし確率はそのように小さくても、地球ができてから原始的な生命が誕生するまでには厖大な時間があったはずだから、その期間に百個のアミノ酸のうち半分くらいは正しく配列するという偶然が起きたのかもしれない。それでは計算してみよう。

地球は約四十六億年前にできた。また、地球最古と思われるバクテリアの化石が三十五億年前の地層から見つかっている。そこで科学者たちは、ほぼ十億年かけて原始地球の海でアミノ酸がつながり、生命現象をになうタンパク質にまでなったのだろうと考えている。

アミノ酸どうしが反応する速度は最大でも一秒間に十兆回くらいと想定できるので、十億年のあいだに五十個のアミノ酸が正しく配列できる確率は、先に計算した十の八十乗分の一に十兆をかけ、さらに十億年の秒数をかければよいことになる。答えは十の五十二乗分の二である。これはまだまだほとんどゼロに近い数字だ。

つまり、原始地球の海で十億年という長い長い時間をかけてアミノ酸がさかんに反応しあっても、百個のうち半分のアミノ酸が正しく配列されて、生命活動をになえる物質ができるとはとうていいえないということなのだ。それどころか、宇宙誕生の瞬間から現在までという時間をかけても、それはほとんど起こりそうにない。宇宙の年齢は百五十億年といわれているので、十億年の時間で計算した確率を十五倍すれば、宇宙誕生の瞬間から現在までの期間に生命活動をになうタンパク質のできる確率が計算できる。答えは、十の五十一乗分の三だ。

このとんでもなく小さな確率がどれほどのものか実感していただこう。これが十の二乗分の一、つまり一パーセントの確率だったとして、どれほどの時間が必要なのかを計算してみるのだ。百回の試行錯誤のうちたった一回だけ成功する確率でうまく働くタンパク質が偶然できるためには、どれほどの時間が必要なのか？　答えは宇宙が誕生してから現在までの時間のなんと十の四十八乗倍以上の時間ということになる。生命活動になくてはならないタンパク質が偶然できるためには、時間があまりにも足りなすぎるのである。

そこで、一部の科学者は、なにか偉大な存在があって、それが地球にあるアミノ酸をその偉大なる計画のもとに秩序だてて並べたのではないかと、やや飛躍的に考えているのだ。

また、そういう神秘的な考えを否定し、あくまでも科学的に、論理的にこの謎を解こうとする科学者たちは、アミノ酸を秩序だてて並ばせる仕組みを解明しようとしている。その試みのひとつが、次に述べる遺伝情報の仕組みの解明である。

●生命がタンパク質を合成する仕組み

私たち人間を含む生命は、消化酵素など生命活動を維持していくうえで必要な働きをするタンパク質をどのようにしてつくり出しているのだろうか。そのタンパク質が働くためには、再三述べてきたように、特定のアミノ酸が決められた順序で並んでいなければならない。原始地球のアミノ酸スープから偶然合成されることはきわめてむずかしいその作業を、生命体はいとも簡単にやってのける。

なぜかといえば、生命体はＤＮＡという設計図をもっているからだ。ＤＮＡのなかに、特定のアミノ酸を特定の順序でつなげる情報が書き込まれているのだ。それが本章の冒頭で述べた四種類の化学文字による遺伝情報である。そしてよく知られていることではあるが、四種類の文字のうち三種類の文字がどのように並んでいるかで、どのアミノ酸をつくるのかという命令がくだされる。一説によると、私たちのもつＤＮＡのなかには、約六万種類のタンパク質をつくるための遺伝情報が書き込まれているという。それぞれみなアミノ酸の配列の違うタンパク質であるにもかかわらず、それらを正確に合成するための情報が、この化学文字の組み合わせとしてDNAのなかに入っているのだ。それだけでも私は驚嘆してしまうのだが、さらに驚くべきことはそのタンパク質の合成法である。

私たちの体は、体重六十キロの人で、約六十兆個の細胞からできている。その細胞の中心には細胞核という組織があって、そのなかにDNAがしまい込まれている。そして、その近くに不思議な酵素(RNAポリメラーゼ)が存在している。この酵素は、厖大な情報が書き込まれているDNAのなかから、目的のタンパク質合成のための情報部分をいち早く見つけ、そこのDNA二重らせんをほどく。そして目的のタンパク質合成のための情報を写しとった物質をつくるのだ。これをメッセンジャーRNAという。

この物質名になぜメッセンジャーという言葉が使われているかといえば、DNAの情報を伝えるメッセンジャーボーイの役割を果たすからである。RNAは、リボ核酸という物質の略称で、DNAの子分みたいなものである。DNAは長い糸状の物質だが、RNAはDNAをこま切れにしたような物質と考えていただければいい。

さて、タンパク質合成の情報を写しとったこのメッセンジャーRNAは細胞核の外に出て、リボゾームと呼ばれる組織に取り込まれる。リボゾームは細胞内に多数存在する、タンパク質合成装置である。その合成装置にメッセンジャーRNAは端から取り込まれ、次々に情報が読みとられていく。そこに登場するのがトランスファーRNAという不思議な物質だ。この物質はアミノ酸を運んできて移転(トランスファー)させる役割を果たす。つまり、メッセンジャーRNAに写しとられたとおりの命令に従って、特定のアミノ酸を運んできてはつなげていくのだ。すると、もともとのDNAに書き込まれていたとおりのタンパク質が合成される。もちろん特定のアミノ酸は特定の順序で並んでいるので、生命活動を充分ににになうことができる。

私は先に、原始の海でアミノ酸がつながってタンパク質になるには、たとえば水を数千メートルの山に運び上げるほどのエネルギーが必要だといった。要するに、アミノ酸をつなげてタンパク質をつくるためには厖大なエネルギーが必要なのだ。それは細胞のなかでも同じことだ。DNAという情報を伝える物質が存在して、その情報のとおりにアミノ酸をつなげていくにしても、エネルギーがなければできない。ところが、なぜか生きている細胞のなかには、そのエネルギーを供給する物質が存在しているのだ。

これが生命体によるタンパク質合成法である。もっとくわしく知りたい方は解説書がたくさん出ているので、そちらをお読みいただきたい。ここで私がいいたかったのは、生命がDNAという情報物質をもっているため、原始の海ではとても偶然に合成されるとは思えないタンパク質が、いとも簡単に合成されてしまうということだ。たとえば百四十六個のアミノ酸がつながったウサギの赤血球タンパク質は三分ほどで、分裂する大腸菌では三百個のアミノ酸がつながったタンパク質が十秒以内で合成されるという。これはなんとも驚異的なことであり、生命体のもつ神秘としか言いようがない。

●原始地球の海でＤＮＡが偶然合成される確率はゼロに等しい

この奇跡の分子ＤＮＡが、原始の海で自然現象として偶然合成されたとは、きわめて考えにくい。ＤＮＡには、糖とリン酸が交互につながった基盤に四種類の化学文字が書き込まれていて、その配列によってどんなタンパク質を合成するのかというような意味が込められている。糖とリン酸が交互につながった基盤というのは、ＤＮＡを多量の情報が満載された本とすれば、文字の印刷されている紙のようなものだ。もし仮にその紙に相当する物質が原始地球の海で偶然合成されたとしても、化学文字が意味のあるように配列されるためには厖大な時間が必要である。第四章でくわしく述べる「惑星心場《プラネタリー・マインド・フィールド》」の提唱者であるアーナ・ウィラー博士は、この点を次のような計算をして説明している。

三十四個のアミノ酸で構成される原始的な酵素を考えてみる。そのアミノ酸のなかの一個をつくるためには、四種類の化学文字アデニン、チミン、シトシン、グアニンのうちの三個がある特定の順番で並んでいなければならない。このとき同じ文字が続いて並んでいてもかまわない。たとえばトリプトファンというアミノ酸を選ぶには、チミン、グアニン、グアニンと化学文字が並んでいればいい。

そこで三十四個のアミノ酸で構成されるこの酵素をつくるためには、三×三十四で百二個の化学文字がＤＮＡ上に適切に配置されていなければならないことになる。四種類の化学文字のなかからあるひとつの文字が選ばれる確率は四分の一だから、百二個の文字がすべて正しく配列される確率は四分の一の百二乗となる。つまり、四の百二乗回の試行で一回だけ正しい配列ができるということだ。

さて、これだけの試行にどれほどの時間がかかるのだろうか。仮に一回の試行に一秒かかるとしてみる。すると、正しい配列ができるには十の六十一乗秒が必要になる。これはおよそ十の五十三乗年だ。ところがこれは、いま考えられている百五十億年という宇宙の年齢を約七千兆倍し、その千兆倍をさらに一兆倍したほど長い時間となる。一回の試行時間をかなり短くとって、たとえば一億分の一秒にしてみても、これは宇宙の年齢の七千兆倍の千兆倍のさらに一万倍となり、結果はあまり変わらない。

以上がウィラー博士の計算である。たった三十四個のアミノ酸が特定の順番で並んだ小さな酵素をつくるための遺伝暗号がＤＮＡ上に配列されるだけでも、これほどの時間がかかる。となれば、六万種類のタンパク質をつくる遺伝暗号が正しく並ぶ私たちのＤＮＡが偶然に合成されるなどということはあり得ないことなのだ。

もっとも、私たちのＤＮＡは原始地球の海で初めから合成されたというより、長い進化の過程で細胞のなかの染色体中に整然と折りたたまれて存在するようになったと考えれば、こんな計算をしても意味がないのかもしれない。

●RNAワールドという仮説

さて、このあたりで現代の科学者が考えている生命(DNA)誕生のシナリオを説明しておかなければならない。実は、生命誕生の初期の頃、遺伝情報をになっていたのはDNAではなく、RNAだったのではないかと考えられているのだ。DNAを細かくちぎったような分子であるRNAが、原始地球で自然に合成されたというのである。生命はDNAがあって初めて生命といえるが、それにきわめて似ているRNAだけで構成された疑似生命の世界があったというわけだ。それでその世界のことを、ノーベル賞を受賞したハーバード大学の化学者ウォルター・ギルバートが「RNAワールド」と呼んだ。一九八六年のことだ。以来この考え方は世界の主流になっている。

前にも説明したとおり、生きている細胞のなかではDNAやRNAは酵素などのタンパク質に助けられながら目的のタンパク質を合成したり自分自身を複製したりする。しかし、RNAワールドを支持する化学者たちによれば、原始地球でできた初期のRNAは酵素などの助けを借りずに、自分自身を切断したりつなぎ変えたりしていたのではないかという。実際に、RNAはタンパク質のような酵素の働きをすることができるし、最近ではRNAだけでもタンパク質を合成できることがわかってきているからだ。そこで、原始地球ではまず最初にRNAができ、その後タンパク質ができて、それらの相互作用のうちに複雑なDNAがつくられていったと考えられたわけだ。

しかしながら、たとえRNAができたとしても、それは熱に弱くこわれやすいので、やはりタンパク質の方が先にできて、その助けのもとでRNAができたのではないかという説も根強い。前にも述べたとおり、原始地球の海で生命機能をもつタンパク質が合成される確率はきわめて低いにもかかわらずである。

RNAワールドの仮説に赤信号をともす議論はまだある。それは実験室で条件を整えてもRNAを合成することがきわめてむずかしいので、原始地球でそれらが自然にできたとは考えにくいというものだ。たとえばRNAの構成物質の糖を実験室で合成すると、RNAの合成をさまたげる別の大量の糖ができてしまう。

またRNAのもうひとつの構成物質であるリンは地球には多く存在していないにもかかわらず、RNAの基盤物質として取り込まれているのは解せないという議論もある。さらに、酵素の助けを借りずにRNAをつくると、いまの生命がもっているような四種類の遺伝暗号はできず、ただ一種類しかできないともいわれている。そこで、タンパク質とRNAの機能と性質を両方もつ多様な有機物質がまず初めにできたという説もあるのだ。アメリカにあるソーク研究所のクリストファー・ベーラー博士たちの仮説である。

しかしながら彼らのいう物質もタンパク質と同様の構造をもっていることに変わりはな

いので、それができるためには相当のエネルギーがいるであろう。また、その物質を構成するアミノ酸が秩序をもって並ぶためには、宇宙の年齢をはるかに超える時間が必要なはずだ。

●生命の誕生はまさに奇跡である

私たちは生命現象を考えるとき、どうしてもその物質的な起源を考えてしまう。生命現象をになう働きをするタンパク質は、どのようにして生まれたのだろうか。祖先から子孫へと重要な生命の情報を引き継いでいくために欠かすことのできないDNAやRNAは、どのようにして出現したのだろうか。それらの起源については、正しい答えがなかなか見つからない。あるいはその答えを見つけるためには、いままでの科学を越えた斬新な理論が必要なのかもしれない。

DNAの二重らせん構造を明らかにしたフランシス・クリックは、生命の起源を問うにはあまりにも多くの困難があり、生命が発生したことはほとんど奇跡としかいいようがないといっている。本章でいままで述べてきたように、タンパク質や遺伝情報物質が偶然、原始地球でできたとすれば、それはほとんど起こりそうもないことが起こったのであり、それはまさに奇跡というしかないだろう。それは私たちの想像をはるかに超えた出来事であったのだ。

蛇足になるかもしれないが、その出来事がどれほど起こりにくいことだったかを実感していただくために、トランプを例に説明しよう。スペード、ハート、ダイヤ、クラブが十三枚ずつある一組のトランプをよく切って、四人に十三枚ずつ配る。そしてブリッジをする。その四人のなかにあなたもいて、初めにあなたに配られたカードがすべてスペードであったらどう思うであろう。なんという奇跡かと思うのではないだろうか。計算すると、そのようなことは六三五〇億回に一回しか起こらないことだという。

しかしこの確率は、すでに述べた酵素をつくるためのＤＮＡが原始地球で偶然合成される確率に比べれば、はるかに大きい。この酵素が偶然合成されるのは、あなたに配られた十三枚のトランプのカードが初めからすべてスペードでそろっているという偶然が十回連続して起こるほどのことなのだ。それは常識的に考えれば、ほとんど起こり得ないことだ。このようにとても単純な酵素をつくるＤＮＡでさえ、原始地球で偶然合成されたとは考えられないのだから、もっと複雑なＤＮＡが偶然できたと考えられるわけがない。

●なぜそのような奇跡が起こったのか

それでは、フレッド・ホイルなどの科学者たちが考えたように、生命は地球では生まれなかったとしたらどうなのだろう。どこか他の天体に生命の種子が生まれやすい環境があって、そこで生まれた生命がなんらかの形で地球に運ばれてきたと考えたら、なにも恐ろしいほどの偶然が重なる奇跡など考えることなどないではないか。たしかにそう思えないこともない。

しかし、ほんとうにそうなのであろうか。その天体で、アミノ酸が正しく並んだタンパク質が合成され、ＤＮＡやＲＮＡが合成されるには、原始地球ほどではないにしても、同じような難関があるのではないだろうか。その難関を突破して生命ができたとしたら、それもたいへんな奇跡なのではなかろうか。しかもその生命が宇宙空間という過酷な環境を通り抜けて地球に到達するということがあったとしたら、もはや奇跡以上のものになってしまう。やはり、考えられる奇跡は、原始地球での生命の誕生しかないのではないか。

では、なぜそのような奇跡が起こったのか？　多くの科学者は、それ以上の追究は科学の土俵からはずれるといって、口をつぐんだまま開こうとはしない。しかし、ノーベル賞級の一部の科学者は、非常に大胆なことを言ってのける。そのひとりが筑波大学名誉教授、村上和雄博士である。彼は高血圧をもたらす原因物質、ヒト・レニンをつくる遺伝子を解読したことで世界的に有名な科学者だ。

日本の誇る第一級の科学者である彼が、遺伝子をつくったのは人間を越えたなにか偉大な存在なのだ、と主張しているのである。それは全生物の「親」ともいえるべき存在で、人間わざを越えた大自然、あるいは大宇宙、また「超」のつくような何ものかであるという。しかし、その存在を「神」というと、なにか隔絶した感じがするし、科学というよりもむしろ宗教的になってしまう。そこで、偉大なる何ものかという意味の「サムシング・グレート」なる言葉によって、ことあるたびに私たちに訴えかけているのである。

彼は、科学の現場でいろいろ不思議な現象を目の当たりにして、このサムシング・グレートの存在を感じ続けてきたという。それは科学の第一線で研究してこそ感じることのできる、非常に重い言葉に違いない。

●遺伝子の暗号は「サムシング・グレート」が書き込んだ

それでは、その村上和雄博士の生《なま》の言葉をお聞き願いたい。『生命《いのち》の暗号』（サンマーク出版）二一四〜二一五ページからの引用である。

……私たち科学者が知りたいと思っていることが一つあります。

それは、いったいだれがこんなすごい遺伝子の暗号を書いたのか、ということです。また先に述べたDNAの構造一つとっても、化学の文字がそれぞれ対になってきちんと並んでいる。ちょっとふつうには信じられない不思議でもあるのです。遺伝子の暗号は、人間自身に書けるはずがないのははじめからわかっています。では自然にできあがったのでしょうか。生命のもとになる素材は自然界にいくらでも存在しています。しかし材料がいくらあっても自然に生命ができたとはとても思えません。

もし、そんなことができるのなら、車の部品を一式揃えておけば、自然に自動車が組み立てられることになる。そんなことは起きるはずがありません。ここはどうしても、人間を超えた何か大きな存在を意識せざるをえなくなってきます。

私自身は人間を超えた存在のことを、ここ十数年来「サムシング・グレート（偉大なる何者か）」と呼んでいます。それがどんな存在なのか具体的なことは私にもわかりませんが、そういう存在やはたらきを想定しないと、小さな細胞のなかに膨大な生命の設計図をもち、これだけ精妙なはたらきをする生命の世界を当然のこととして受け入れにくいのです。

いかがであろう。実は私はこの文章を読むまでは、生命は地球上で自然発生したものだと信じていた。なにがしかの偶然が重なったにしても、自然発生してもおかしくない環境があったから、生命はこの地球に発生したのだと思っていた。生命活動に欠かせないタンパク質も、ＤＮＡもＲＮＡも、そのような環境のなかから偶然の化学反応によって合成されたのだろうくらいにしか考えていなかった。しかし、「サムシング・グレート」なる存在を説くこの文章は、私に強烈な印象を与えた。以来、ことあるたびにこの考えが私の脳裏に浮かんで離れなかった。いったいなぜこのようなすぐれた科学者が、そのようなことを説くのか。その問いは、私にとっては大いなる謎でもあった。

しかしながら、幸いにもその謎に立ち向かうチャンスが訪れた。本書の執筆である。そのため、私はいろいろな参考図書を読みあさった。その結果、村上博士と同じような考え方をする科学者は意外と多いことがわかったのだ。

前に述べたように、彗星が地球生命の起源だと主張するフレッド・ホイル博士もそのひとりである。彼はこう考えるのだ。生物が生きていくために欠かせない働きをするタンパク質ができるためには、アミノ酸がある特定の順番に並んでいなければならない。しかし、それは偶然にはとうてい起こるものではない。偶然それが起こるとしたら、きわめてゼロに近い確率になるからだ。しかし、「コズミック・インテリジェンス」ともいうべきある種の宇宙的な知性が介入して、アミノ酸を特定の順番に並ぶように誘導したのだとすれば、話は別である。

そう、ホイル博士は、宇宙に「コズミック・インテリジェンス」という究極的な存在があって、その存在が私たち人間を含むあらゆる生物を設計し、制作したというのだ。

それでは、その「コズミック・インテリジェンス」というのは、いったい何なのであろう。昔から宗教家たちがいう「神」なのであろうか。彼はいう。その存在は、私たちよりもはるかに強固で、簡単な構造をもっているだろう。そしてそれは非常に長い時間、いや、ほとんど永遠に生きられるだろう。また、その存在にとって本質的なのは、宇宙を計算し、分析し、探査できる能力だけだ、と。

ここまでいわれると、科学的な考え方になれた現代人には少々受け入れがたいかもしれない。そこで、これ以上の追求は次章以降にゆずって、次に、生命の起源に関する世界第一級の科学者たちの見解を紹介しよう。

●一流の科学者たちの意外な見解

『宇宙、生命、神学』(*Cosmos, Bios, Theos*)と題する本にはおもしろいことが書かれている。この本は気鋭のジャーナリストR・A・バーギースが、ノーベル賞受賞者二十四人を含む六十人の科学者に対しインタビューした結果をまとめたものだ。有名な物理学者であり哲学者でもあるイェール大学名誉教授ヘンリー・マージナウ博士の監修となっている。

六十人の科学者の内訳は、天文学者、数学者、物理学者が合わせて三十人、化学者、生物学者が合わせて三十人である。みなそれぞれの分野で世界をリードする一流の科学者たちだ。そのなかのノーベル賞受賞者には、神経細胞の膜で起こる現象で新発見をしたジョン・エックルス卿、散逸構造の研究で世界的に知られるイリヤ・プリゴジン博士などが含まれている。

またインタビューではそれぞれの科学者に対し、六項目の質問を投げかけた。それは、宗教と科学の関係はどうあるべきか、宇宙の起源をどう考えるか、生命の起源についてどう考えるか、人類ホモ・サピエンスの起源をどう考えるか、などである。このなかで私がとくにおもしろいと思ったものは、生命の起源についてどう思うかという問いに対する彼らの回答である。

意外にも、彼らのほぼ四割が、生命の誕生は奇跡であり、神秘以外の何ものでもないという思いをもっているのである。そしてそのうち半数くらいの科学者は、生命が偶然に誕生したとは思えず、なにか偉大なる創造主あるいは神が生命をつくったと思うと告白している。彼らの多くはキリスト教文化圏に住んでいる欧米人なので、その宗教的風土の影響は否めないとは思うが、彼らは科学を極めた人たちなのだ。ものごとを科学的に追究することについては誰にも負けない彼らの頭脳が、そのように考えているというのはただごとではない。

彼らの考え方をいくつか紹介する前に、彼らとは正反対の考え方をする科学者たちのことも述べておかなければならないだろう。インタビューを受けた六十人のうちほぼ三割の人たちは、あくまでも科学的に考えようとしているからだ。彼らは宗教や神を否定はしないけれども、生命の起源に神秘的・超越的な存在を持ち込むことには反対である。科学者なのだから当然であろう。私は、そういう彼らの本音を知って、ほっとする。そう感じるのは、私が東洋の文化圏に住んでいるせいなのだろうか。それとも無意識のうちに、生命は自然の一部であり、自然のなかからそれは発生したと思い込んでいたからであろうか。

ともあれ、彼らはいままでの科学が生命の起源について明らかにしてきた事実の延長線上で考えている。つまり、簡単な分子から段階的に複雑な分子ができて、それが集まって細胞のようなものになった。そして長い時間をかけて進化し、いまの生命ができた。それぞれの段階で、まだ解き明かされていない謎は多くあるが、このような考え方はだいたいにおいては正しいはずだ。彼らはそう思っている。

また、生命の起源は、みずからがかかげる斬新な理論で解けるはずだと信じている科学者もいる。イリヤ・プリゴジンはその代表例かもしれない。彼は生命がとくに珍しい現象だとは考えていない。生命というものは、条件さえ整えば発生する宇宙的な現象だ。いままでの科学では生命の特殊なタンパク質や複雑な組織がどうやってつくられるのかが説明できないが、複雑系をあつかう科学でそれは説明がつくはずだ。そう彼はいう。

インタビューではこれ以上は語らなかったので補足するが、プリゴジンは、いま注目されている「複雑系の科学」のパイオニアといってもいい科学者だ。複雑系の科学というのは、気象現象とか、脳の働きなど単純に法則化できない複雑な現象を新しい手法でとらえようとする学問である。そのなかに「自己組織化」という考え方がある。これは、あるシステムのなかに自発的に特定の秩序をもつ構造が現れる現象についてのものである。たとえばある種の化学物質を溶かし込んだ溶液の表面に、同心円状のパターンができることがある。これは「ジャボチンスキー反応」としてよく知られている、自己組織化現象のひとつの例である。

そのような自己組織化現象が、原始地球のアミノ酸の海で起こったに違いない。プリゴジンはそういいたかったに違いない。実際、少なからぬ科学者が同じように考えているのだ。しかしながら、あとでも述べるが、自己組織化現象だけでは、とうてい生命の起源、そして進化を説明しきれないと考える科学者も多い。

さて、バーギースのインタビューにもどろう。生命の起源を奇跡とか神秘と考える科学者が四割。あくまでも科学的な理論で考えられるという科学者が三割。とすると、残る三割の科学者はどう考えていたのだろう。実をいうと、この本を読んでも残る三割の人たちのいいたいことは私にはあまりわからなかった。生命の起源については専門ではないからわからないといういい方をする人もあったが、彼らの回答をあえてまとめれば、ノーコメントということになるだろうか。

●生命の起源は奇跡なしには語れない

それでは、このインタビューで生命の起源について神秘的・超越的な存在を想定して回答した科学者たちの声をいくつか紹介して本章を終わることにしよう。

まず初めは酵素の研究でノーベル賞を受賞した、バーゼル大学微生物学教授ワーナー・アーバー博士の声だ。

「私は生物学者ではありますが、生命がどのようにして出現したのかについては、私にはわかりません。もちろん生命をどう定義するかにもよりますが、……私は機能的な細胞の段階からが生命なのだと思います。そして、もっとも原初的な細胞でも、数百個の機能的な高分子が必要なのです。そういう高分子がどのようにして集まったのかが、私にはミステリーなのです。この問題を解くには、創造主とか、神とかの存在の可能性を考えるしかないのです」

また、神経細胞の研究でノーベル賞を受賞したジョン・エックルス卿は、かなり情熱的に自分の信念を述べている。そのためか質問にもバリエーションがあり、それに対する回答も長いので、彼の考えを私なりに要約してみた。彼は生命の起源についてはこういいたかったのではないだろうか。

「私は、ビッグバンが起き、宇宙のチリが集まり太陽系が形成され、そのなかに地球という星が生まれ、その地球に海ができ、生命が進化したということに、大いなる存在の目的を強く感じます。生命も、もちろん人類も、その大いなる創造計画の一部なのだということを知らなければなりません」

マラリヤ原虫がサルと人の肝臓に寄生することを発見したことで有名なロンドン大学名誉教授P・C・C・ガーナム博士は、進化のある段階で神が人間の魂をつくったのだという、「生命の起源に対するあなたの質問に対する答えは、たしかに神です」といいきる。

コネチカット大学名誉教授で、細胞分裂に関する核酸や酵素の研究、ガンの分子生物学的メカニズムの研究などで世界的に知られるジェイ・ロス博士はおおよそ次のように答えている。

「私は生化学や分子生物学を五十年以上研究し、教えてきました。生化学の講義に初めて私が使った教科書は一九三六年に出版されたものです。そのなかには当時わかっていたことが書かれていましたが、時代がすすむにつれて、膨大な量の発見がなされ、教科書に書き加えられていきました。そのなかから生命の起源に関する研究成果や仮説を抜き出しては慎重に検討してきましたが、そのどれひとつとして私を満足させるものはいまだにないのです。生命がいろいろな分子から組み立てられる確率を計算すると、十の三百乗分の一という、とてつもなく小さな数になります。そういうことも考えあわせると、いまもっとも正しい可能性のある考え方は、生命の起源になんらかの創造者の関与を仮定するものではないでしょうか」

第二章●出生プログラムを書いたものとは？

●それはふつう一組の男女の愛に始まる

この地球上に、いま、約六十億人の人間が生きている。その人間のほとんどすべてが、まったく同じ過程を経てこの世に生まれ出てきたと思うと、私は不思議でたまらない。あなたはどうであろう。この世にいる人はみな同じ出生プログラムのもとに生まれてきたことをあなたはどう思っているであろうか。

卵子と精子が結合して、それがひとつの細胞をつくる。やがてそれは母親の胎内で増殖し、数百種類もの違った細胞になっていく。目になるべきところに目ができ、心臓があるべきところに心臓ができる。また、神経のあるべきところに神経ができる。体のすべての部分のできる順序は決まっており、それらは見事なまでの正確さで次々とできていく。そして、二百八十日後には、胎児は母親の胎内からこの世に生まれ出てくる。

その過程を知れば知るほど、私はその不思議さに圧倒されてしまう。そして思うのだ。このように正確なプログラムは、いったいどのようにしてできあがったのだろうかと——。科学的なものの見方になれた現代人は、こう考えるだろう。長い進化の末に、そのようなプログラムができあがっていったのだと——。

しかし、そのようなたんなる偶然の積み重なりのうえに私たちの出生プログラムができる確率は、ほとんどゼロに等しいのではないか。逆にいえば、それほど私たちの出生プログラムは、巧妙かつ精緻にできているのである。

女性がわが子を産むときは、安産のときでさえ、ちょっとした産みの苦しみを味わう。そして無事に産み終えたときは、この世のものとも思えないほどの幸福感を味わう。しばらくして自分の乳を与えるときがやってくると、彼女たちは心の底から母親であることを実感する。そしてかいがいしくわが子を抱きかかえ、育てていく。

これは、生体内の巧妙な仕組みによって、分娩前後にオキシトシンとか、エンドルフィン、プロラクチンというホルモンが母親の体内で分泌され、それらが彼女たちを愛情あふれる母親に変身させるからだ。ウマやヒツジの赤ん坊は生まれてすぐに立ち上がり、母親の乳首を求めて動きまわる。しかし人間の赤ん坊は、母親に抱きかかえられないと乳を飲むことができない。そのぶんだけ、自分の母親には強い愛情をもっていてもらわなければならないのだ。

だから赤ん坊を生んだばかりの人間の女性は、ふつうの女性や男性などとは比べものにならないほど、母性愛に根ざした深い愛情を赤ん坊にそそぐことができる。しかし、それもすべてプログラムされていることなのだ。

最近は夫が出産に立ち会うケースが増えている。かくいう私も息子の出産に立ち会ったのだが、わが子の誕生を目の当たりにすると、その瞬間は感動のあまりほとんどなにも考えることができない。しかし、あとになってふり返ってみると、あの瞬間以上に「神秘」的なことはないと、つくづく思うのである。ふつうは一組の男女が出会い、愛し合いむつみ合って、女性の胎内に小さないのちを宿す。それがすべての始まりである。それから約九ヵ月後、赤ん坊はうぶ声とともにこの世に生まれ出てくる。

それまでへその緒《お》で母親の体とつながっていたから、自分で呼吸しなくてもよかった赤ん坊は、出生の瞬間から自分の肺で外の空気をしっかりと吸い込むようになる。

この世に生きている約六十億人の人間はみな、そのようにして生まれてきた。いや、過去四百万年のあいだに、八百億人の人間がみなそのようにしてこの世に生まれてきた。何という不思議、そして神秘であることか。しかし、感動ばかりしてはいられない。不思議や神秘にひたってしまうと、そこからはなんの智恵も生まれないし、科学の発展もない。

そこで本章では、人間の受胎から誕生までの過程をなるべく科学的に調べることで、生命誕生の謎にせまってみよう。そして、なぜ私たちはそうやって生まれてきたのか、もう一度考えてみようではないか。

●生殖細胞をもつ胎児

ひとりの人間が生まれるためには、母親と父親から遺伝子をもらわなければならない。その遺伝子は、母親の卵子《らんし》と、父親の精子に入っている。ところがなんと、卵子や精子をつくる生殖細胞は胎児のとき、つまり受精後わずか六週間ほどで、自分の子孫を残す準備を整える。すでに母親や父親になることに備えているのだ。このときの胎児の大きさは、わずか一・三センチメートルにも満たない。

女性の胎児は五ヵ月目までに、卵巣のなかに将来卵子になる細胞を約七百万個まで増やすといわれている。しかし、なぜかその数は出生までに七十万〜二百万個ぐらいまでに減り、思春期では四十万個ほどになってしまうという。そして女性が成熟するとふたつの卵巣から、月経周期のたびごとにひとつの卵子を排出するようになる。そして、ふたつの卵巣は一月ごとに交互に卵子をひとつずつ排出する。その卵子のなかには染色体が入っており、その染色体にはDNA遺伝情報がぎっしりと詰め込まれている。また卵子は卵丘《らんきゅう》細胞に取り囲まれており、それらが卵子を保護している。そのような卵子は、ふつう子宮と卵巣のあいだの輸卵管というところで、精子と出会うことになる。

一方、男性の胎児の場合は胎児期の第六週からは、生まれて思春期に達するまで、生殖細胞は休止状態となる。しかし思春期になると、精巣がテストステロンという男性ホルモンを大量に分泌するようになり、その影響で生殖細胞は精子をつくり始める。その数は一日数千万個といわれている。そしてふつうは生涯、精子をつくり続ける。

●巧妙精緻な受精の仕組み

さて、この卵子と精子が男女のセックスによって出会い、ひとりの人間が生まれる。この卵子と精子の出会いが、受精と呼ばれる現象だ。ひとことで受精というが、この現象を調べれば調べるほど、その巧妙な仕組みに驚嘆せずにはいられない。

まずは精子の行動である。射精によって女性生殖器に入った精子は約一億個。彼らは卵子をめざして猛烈な勢いで泳ぎ始める。卵子を取り囲んでいる卵丘細胞は、精子をひきつける化学物質を分泌し始めている。精子たちにしてみれば、それはたまらなく魅惑的な香水だ。彼らは群《むれ》をなして、その香水に向かって泳いでいく。

彼らの目的はただひとつ、自分がかかえているひとそろいの遺伝子を卵子のなかに注入することである。ここで、この仕事がいかにたいへんなものであるかを説明しよう。

まず入り込んだ女性性器の膣《ちつ》のなかは酸性なのである。その酸が精子にとっては大敵なのだ。その酸により、ときには大半の精子が一瞬のうちに死んでしまうこともある。さらに、膣の奥の粘液中に、精子を攻撃する白血球が大量にひそんでいる。精液は女性の体にしてみれば、体内に入り込んだ異物である。そこでその白血球が容赦なく精子を攻撃し、破壊するのである。その結果、生き残る精子は数千個になってしまう。それなのに精子たちは、さらに卵子の待つ輸卵管へ向かわなければならないのだ。

このように精子の旅には数々の困難が待ち受けている。精子は長さが六十ミクロメーター で、泳ぐスピードが毎秒約〇・一ミリメートルである。子宮の入り口から卵子のいるところまでの十八センチメートルを泳ぐとすると、自分の体長の三千倍の距離を泳がなければならないのだ。これは、身長一・七メートルの男性が海を泳ぐのにたとえると、打ち寄せる荒波にさからって毎秒三メートルくらいのスピードで約五キロメートルほど泳ぐのにほぼ等しい。そのため、ふつう輸卵管というところにいる卵子にたどり着ける精子は数十〜数百にすぎない。たどり着いた精子の目前に現れるのは、精子の八万五千倍という巨大な惑星のような卵子だ。

しかしながら、ようやく卵子にたどり着いた精子が、そこで卵子のなかに入り込めるかというと、ことはそう簡単ではない。卵子は二重、三重に保護されているからである。まず、精子たちを誘う香水を分泌していた卵丘細胞が卵子のまわりを取り囲んでいる。精子たちはその壁をうち破らなければならない。ところがよくできたもので、精子の頭の表面にはその壁を溶かす働きがある。それで精子たちは卵丘細胞の壁を強行突破できる。しかし、その次には透明帯という厚い膜の壁が待ちかまえている。

この壁は少々手ごわい。ところが精子たちは、その膜を溶かすための酵素を、頭の先端にしまい込んでいる。彼らはここでその酵素を放出する。そして透明帯を溶かす。この段階でもうひとつ重要な仕組みが働く。それは違う種の精子を拒絶する仕組みである。人間の場合でいえば、同じ人間の精子ならば受け入れるが、たとえばチンパンジーやイヌというように、人間以外の精子がやってきても受け入れない仕組みである。これは分子レベルでつくられた鍵と鍵穴がピッタリとはまらなければスイッチが入らないという原理によっている。

次に、透明帯を溶かして突進した精子のうち、たった一個が、むき出しになった卵子の表面にくっつき、融合する。すると、精子のなかにあった遺伝子が卵子のなかに取り込まれる。受精の成立である。

ここでさらに、一個の精子が卵子と融合したとたんに、卵子の表面に劇的な変化が起こる。卵子の表面に電気が走るとでもいおうか。いままでマイナスの電気をおびていたのに、その瞬間、卵子の表面はプラスの電気につつまれるのだ。そしてすぐに卵子の表面から特殊な顆粒《かりゅう》状の物質が放出され、卵子のまわりの透明帯をかたく変質させる。

その結果、卵子に入った一個の精子以外、いかなる精子も卵子に入ることができなくなってしまう。複数の精子が卵子に入ると、遺伝情報が混乱してしまい、たいへんなことになるからだ。まさに神業といってもよい。

●精子たちは競争ばかりしているわけではない

ところで、射精により女性の体に入り込んだ厖大な数の精子のなかで最終的に受精に成功するのは、たったの一個だ。しかしこの事実を見て、私たちはその一個の精子がたいへんな競争率を勝ち抜いてきたと安易に考えてはならない。たしかに受精に成功する精子は、一億分の一である。しかし、たった一個の精子を卵子に到達させるために、一億個の精子の共同作戦があることを見のがしてはならないのだ。初めから一個だけが女性の体に入っても、過酷な体内環境のため、その精子はすぐに死んでしまうだろう。だから数で勝負しなければならないのだ。また、卵子のすぐそばまで到達できた精子たちが、共同して卵子を取り囲む壁を突き破っていることも忘れてはならない。

一方、卵子もまわりの卵丘細胞から精子を誘う物質を分泌して、精子をひきつける。そのときは膣のなかの粘液も変質して水分が多くなり、なかの白血球の数もふだんより少なくなっている。女性の方も、侵入してくる精子に対して、過酷な環境をやわらげる。彼女は愛のキューピットを受け入れようと、精いっぱい自分の部屋の窓を開けて、待っているのだ。

●細胞分裂の開始

受精という現象は、以上のように巧妙で精緻なプロセスを経て行われるが、これはひとつの生命が誕生するほんの序章にしかすぎない。受精卵をめぐって、さらに神秘的な現象が次々とくりひろげられていくからだ。たった一個の受精卵は、六十兆個もの細胞をもつ人間に成長していく。一個の細胞が二個に、二個の細胞が四個に、というように次々と分裂し、増えていくのだ。

この細胞分裂を実際に自分の目で見たのは、もう二十五年くらい前のことだが、いまでもはっきりと覚えている。ある大学の臨界研究所の実習研究で、磯辺からウニをとってきて、卵子と精子を取り出し、人工授精させた。そして受精卵をビーカーのなかに培養して、ときどきスポイトでとってはスライドガラスの上にのせ、顕微鏡で観察した。すると二つや四つに分裂していく受精卵のたとえようのない美しさを見ることができた。

いまではこの美しさはテレビの映像や、コンピュータグラフィックスで堪能することができる。たとえば、『NHKスペシャル　驚異の小宇宙・人体3　遺伝子・DNA1　生命の暗号を解読せよ』(日本放送出版協会)というビジュアルブックには、コンピュータグラフィックスの技術を駆使して描かれた人間の受精卵の分裂、成長の様子が載っている。これを見ると、人間の受精卵がどのような形に変化していくのかが一目瞭然でわかる。

ともあれ受精卵は、細胞分裂という不思議な現象によって成長していく。人間の受精卵は、両親からそれぞれひとそろいの染色体をもらって、それらが合体する。それがその人の生涯変わることのない遺伝子のセットになる。その人は体のすべての細胞に、この遺伝子セットをもつことになるのだ。

細胞分裂は、有糸《ゆうし》分裂という仕組みによっている。まず第一段階で、分裂したての小さな細胞は、タンパク質などをつくり続ける。そして細胞がある程度大きくなった頃、遺伝子DNAは自分自身のコピーをつくり出す。これが第二段階。そしてさらに体を大きくして、分裂の準備に入る。これが第三段階。そして二セットの遺伝子は一セットずつ細胞の両極に分かれ始める。映像で見たことのある人も少なくないだろう。これで細胞はふたつに分裂し終わる。これが第四段階だ。受精卵はこの四つの段階を何度も何度も繰り返して、成人までには全身を六十兆個の細胞で埋め尽くすのである。

●分化という現象の不思議

次に遭遇する不思議は、「分化」という現象である。受精卵の細胞は、ごく初期のあいだはどんな細胞にも変化することのできる性質をもっている。これを「全能性」という。しかし、受精後四日目、受精卵は四回目の分裂によって細胞が十六個になるとき、分化が始まる。そうすると、細胞は全能性を失い、もはやあともどりできなくなる。つまり、それぞれの細胞が今後どのような組織に変化していくかの運命が方向づけられてしまうのである。

その結果どうなるか。私たちの体には二百種類以上の細胞がある。皮膚の細胞、骨の細胞、筋肉の細胞、神経の細胞、ホルモンを分泌する細胞等々である。それらの細胞には、みな両親から受け継いだ同じ遺伝子が入っている。しかし、体の各部分に配置されると、その細胞がその細胞として存在するために必要な遺伝子だけが働く。つまり、皮膚の細胞のなかでは皮膚の細胞であるのに必要な遺伝子だけが、また骨の細胞には骨の細胞であるために必要な遺伝子だけが働くようになっているのだ。だから、皮膚の細胞はけっして骨の細胞にはならないし、筋肉の細胞はけっして神経の細胞にはならない。

ところが最近、生命のこの掟が人工的に破られてしまった。イギリスのロスリン研究所で、クローンヒツジが誕生したのがそれだ。一九九七年二月にこのニュースは世界を駆けめぐり、人々を驚かせた。それをなしたのは、イアン・ウィルムット博士。彼は、ヒツジの乳腺細胞を使って、クローンヒツジをつくり出した。乳腺細胞は、ふつう他の細胞に変化することはない。乳腺細胞に関係する遺伝子の部分だけが働くようにカギがかけられているからだ。しかし彼はそのカギを人工的にはずす方法を発見し、カギをはずした遺伝子を使って、クローンヒツジを誕生させた。

しかし、自然界ではけっしてそういうことは起こらない。分化という現象が正確に起こって、生物はその生物に固有の体型をつくりあげていくからだ。私たち人間の体にも必要な部分に必要な組織ができて、きちんと働くのは、この細胞分化の巧妙なプロセスあってのことなのである。

●受精卵は安住の地、子宮に着床する

分化の仕組みについては、またあとでくわしく述べることにして、その後受精卵がどうなっていくのか説明しよう。受精してから四日目の卵は桑の実のような形をしている。それで学問的には桑実胚《そうじつはい》と呼ばれている。このとき桑実胚は精子のやってきた道を逆にたどって、すでに子宮にまで降りてきている。

五日目になると、受精卵は酵素を出してみずからをつつんでいた固い透明帯に穴を開け、孵化《ふか》する。ニワトリのヒナが孵化するときは、自分のくちばしで殻を内側からつつき破って外に出てくるが、人間の受精卵は一個以外の精子の侵入を防ぐため、固くなった透明帯を内側から溶かして子宮のなかに出てくる。その様子を写した写真を見ると、細胞のかたまりが透明帯にあいた穴から絞り出されるようにして出てくるのがよくわかる。

孵化した卵は文字どおり裸の状態になっており、母親の子宮細胞に直接触れることができる状態となる。そこからまた、生命のドラマが始まるのだ。受精卵が母親の子宮内膜にくっついてしまうのである。これを着床《ちゃくしょう》という。受精後六日目の出来事である。そしてそのままそこで九ヵ月あまりを過ごすことになる。これによって、受精卵はみずからを成長させる安住の地を得るのだ。その意味で、着床は赤ん坊が誕生するためにはなくてはならない重要なステップなのである。

さて、そこでどんなことが起こっているのか説明しよう。まず、孵化した受精卵は子宮内膜にくっつくために、子宮内膜に穴を開ける特殊な酵素を出す。そして子宮組織に食い込んでいく。これは見方を変えれば侵略行為である。母親の子宮内膜に穴を開け、そこに自分の組織を埋め込んでいくのだから。しかし、子宮というところは、受精卵の侵略を許し、そこで自分の子供を守りやさしく育て上げていくようにうまくできている。

ちなみに、受精卵が母親の子宮内膜に穴を開け食い込んでいくようなことは、人間のすべての細胞においてこの時期以外、一生涯起こることはない。ただしガン細胞だけは例外である。悪性化したガン細胞はまわりの組織を食い破って、他の組織にどんどん転移していく。一説によると、ガン細胞がそういう性質をもつのは、受精卵が着床のために出す酵素をつくり出す遺伝子が、ガン細胞のなかでふたたび目覚めてしまうからではないかという。

ともあれ、受精卵は着床後、子宮内膜に触手を伸ばしては、どんどん食い込んでいく。そして受精後九日目までに完全に子宮内膜に埋まる。さらに、母親の血管を破って、栄養と酸素を豊富に含んだ血液を自分の体に取り込むようになる。そのとき、受精卵の体には中空の空間があるので、母親の血液はそこに充満し、その結果、そこはスポンジ状の充血した組織となる。これが、やがて胎盤へと成長していくのだ。胎盤についてはあとでもうすこしくわしく説明するが、胎児と母胎とをつないで、私たちの想像を超えた働きをする組織である。この組織のでき方が悪いと、胎児の発育に支障をきたしたり、いろいろな病気が誘発されたりするなど、とてもやっかいなことになる。

●胎児はホルモンを出して、母親の月経を止める

着床の時期に前後して、受精卵はまた驚くべきことをやってのける。子宮に侵入した細胞の反対側の細胞が、母親の性腺を刺激するホルモンを出すのだ。これにより、母親はい

ままで定期的に起こしていた月経を起こさなくなる。月経というのは、ほぼ一ヵ月ごとに子宮内膜の一部がはがれ落ち、出血とともに体外に排出される現象である。受精卵にとってみれば、せっかく母親の子宮内膜にもぐり込んだのに、その膜自体がはがれ落ちたら話にならない。受精卵にとってそれはそのまま死を意味するからだ。

この時期の受精卵のことを、専門的には胚盤胞《はいばんほう》と呼ぶのだが、ちょっとむずかしいので胎児の胚芽と呼ぶことにしよう。しかしこの段階では、まだ人間の赤ん坊の形はみじんも現れていない。胎児の胚芽は、この時期ホルモンを出して、母親の月経を止める。そして、妊娠がうまく維持できるように、母親に大量の性ホルモン分泌をうながす。

具体的にいうと、胎児の胚芽が出すホルモンは、ヒト絨毛性《じゅうもうせい》性腺刺激ホルモン（hCG）という。これが母親の血液の流れにのって、母親の卵巣にとどく。そうすると卵巣が刺激されて、多量の女性ホルモンが分泌されるようになる。プロゲステロンとエストロゲンというホルモンだ。これらのホルモンによって子宮の緊縮は抑えられ、子宮の発達が促進されるのだ。このおかげで子宮は安定して大きくなることができ、胎児は安心して成長を続けることができるのである。この妊娠黄体の作用は、その後二、三ヵ月続く。

私はこの時期に胎児がホルモンを出して、母親の月経を止め女性ホルモンを分泌させるというのが、ほんとうに不思議でたまらない。このときの胎児の胚芽は〇・一〜〇・二ミリほどの大きさで、肉眼では点としか見えない。そんな小さな生きものが、母親の子宮内膜がはがれ落ち出血とともに外に排出されるという現象を未然に防いでしまうのだ。そして自分が安定して成長できる環境を子宮のなかにつくっていく。なんと見事な仕組みであろう。

しかしながら、それもすべて出生プログラムに書かれていることなのだ。おそらくはDNAのなかに、そのプログラムが書き込まれているのであろう。いったいどうやって、生命はみずからの遺伝子のなかに、そんな巧妙なプログラムを書き込んだのか。

余談になるが、胎児の胚芽の出すホルモン(hCG)が女性の血液や尿中にあるかどうかを調べれば、その女性が妊娠しているかどうかが簡単にわかる。それがいまもっともふつうに行われている妊娠検査法だ。また、エストロゲンは長寿ホルモンといわれるほど、体の各器官によい影響を及ぼすことがわかっている。そのため、アメリカなどでは更年期以降に起こるさまざまな障害に対し、副作用が出ないように配慮しながらこのホルモンを投与する治療法が行われている。

●胎盤は母親と胎児を結ぶ奇跡の橋

先にすこし述べたように、胎児の胚芽は受精後九日目までには完全に母親の子宮内膜に埋め込まれた状態になる。そして徐々に胎盤組織をつくりだしていく。

胎盤は出産のとき、後産《あとざん》として赤ん坊のへその緒とともに胎内から出てくる。直径十五

〜二十センチ、重さ約五百グラムの円盤状で扁平な形をしている臓器である。受精後二週目頃からその胎盤組織がしっかりとした形をとりはじめ、母親の子宮と胎児のあいだに血液の循環系ができる。そして十三週目頃に胎盤は完成する。

この胎盤は妊娠の維持にきわめて重要な役割を発揮する。まず、さまざまなホルモンを出して胎児がうまく成長できるような環境を整える。hCGというホルモンは母親の卵巣（妊娠黄体）の機能を促進させ、胎盤自身にも母親と同じような女性ホルモンを分泌させるように誘導する。また、ヒト胎盤性ラクトゲン（hPL）というホルモンは、母親から脂肪酸やブドウ糖などの栄養が胎盤によくまわるような働きをする。そうすることで胎児への栄養補給が順調に行われるのだ。

妊娠二、三ヵ月目頃まで母親の卵巣は女性ホルモン（プロゲステロンとエストロゲン）を分泌し続けるが、このころ胎盤は同じ女性ホルモンをさらに大量に分泌するようになる。胎盤はこのホルモンを出産前まで分泌し続け、妊娠維持の主役になる。そのホルモンのおかげで胎児の発育は順調になり、子宮も徐々に大きくなっていく。また分娩が順調にいくように母親の産道をやわらかくしたり、出産に備えて母親の乳房を大きくしたりする。まさに胎盤は、妊娠維持と出産の要となる働きをするのである。

さらに胎盤の重要な働きには、胎児の成長に不可欠な酸素と栄養を胎児に供給することがある。胎児のなかでつくられた血液と母親の血液は胎盤という組織で、完全に混じり合うことはないが密に接触する。そうして胎児は母親から酸素と栄養物を取り込み、また二酸化炭素などの胎児の老廃物を母親の血液に受け取ってもらう。胎盤がそういう働きをしてくれるので、胎児は外気から酸素を取り込む呼吸をしなくても成長を続けることができるのだ。

ここできわめて興味深いことがある。胎盤が胎児の心臓を含めて全身の血液循環系に対して並列になっていることである。大人では酸素を取り入れる肺と、心臓や全身の循環系は直列につながっている。しかし胎児は大人とは違って、並列につながっている。だから、胎児は出産と同時に胎盤を失い、肺呼吸に切り替わっても大丈夫なのだ。これについてはまたあとで述べるが、まったくうまくできているものだ。

●胎盤は、胎児が母胎に拒絶されるのを防いでいる

胎盤には、さらに驚くべき働きがある。それは母親による胎児への拒絶反応を抑え込んでしまうことだ。母親にとって、自分の体の組織に食い込んでくる胎児の細胞は、異物以外の何ものでもない。そこで母親の体は胎児の組織を拒絶し、排除しようとする。

最近臓器移植が日本でも少なからず行われるようになったが、そこでいつも問題になることのひとつが、拒絶反応である。自分以外の臓器が自分の体に入ってくると、必ず拒絶反応が起こる。それは生体が侵入者に対抗して自分自身の体を守ろうとする免疫反応のひ

とつである。生体のもっている自己防衛の素晴らしい仕組みなのだ。したがって、ふつうならその反応が、胎児の組織に対しても働くはずである。

ところが、胎盤組織はその働きを抑え込んでしまう。私はホームページの活動を通じて「心の海」というサイトを主催されている産婦人科医のS先生と縁ができた。彼は、とても心やさしいお医者さんで、日夜新しい生命の誕生のために奮闘しておられる。私が妻の分娩に立ち会ったとき不安と期待が交錯するなかで自分の子供の誕生を見守りながら、冷静に必要な処置をして下さるお医者さんというのはほんとうに頼もしい存在だと思った。そのときは同じ病院でたてつづけに出産が続いたので、担当していただいた先生もさぞ大変だったと思う。S先生の場合は、毎月十五件くらいの出産を担当し、新しい命がこの世に誕生するのを助けているという。ほんとうに頭の下がる思いだ。

その彼が、本書のため、忙しい時間をさいて私のインタビューに答えて下さった。そこで、本章ではこれからS先生として、たびたびご登場願うことにしよう。

S先生は、日頃超音波などで胎児の様子を診ていて、よく感じることがあるという。それは受胎してから、親子とはいえ胎児が、母親という別の体のなかですくすくと育っていくメカニズムのたくみさである。医療技術の進んだ現代医学ですら、移植後の拒絶反応に手を焼いている。それなのに、不思議なことに母親の胎内では別の生命が拒絶反応もなく同居し、共存している。また胎児はお母さんのお腹のなかで寸分たがわず、手は手に、頭は頭に、脳は脳に、それぞれが正常に分化していく。そうしたことを見ると、ほんとうに不思議だというのだ。

S先生は不妊は専門ではないが、不妊担当の先生がS先生に次のようなことをいったという。「なぜ私には赤ちゃんができないのでしょうかと、よく患者さんに聞かれることがあります。でも、正直なところ、なぜ妊娠するかの方がずっと不思議だと思う……」。医療現場のお医者さんたちは、このように多かれ少なかれ、受胎から妊娠、そして出産を数多く見つめながら、生命現象の不思議さを実感しているのである。

●免疫システムの巧妙さ

ここで拒絶反応についてすこし述べておこう。人間を構成している細胞の表面には、その人独自の標識タンパク質がついている。手の指の指紋が、人によってみな違うのと同じようなものだと考えればわかりやすいだろう。人間の細胞の表面には、タンパク質でできたひとそろいの標識がついていて、その形が人によってみな違う。そのタンパク質をつくり出す遺伝子の組み合わせが厖大な数になるため、個人個人で細胞の標識が違ってくるのだ。だから、同じ両親から産まれた兄弟でも完全に同じにはならない。

まったく遺伝子というものは、どこまで巧妙な仕組みをつくれば気がすむのだろう。その遺伝子の巧妙なシステムによって、個人個人の細胞の表面に違った標識がつけられるのだ。

　その標識は、体の免疫システムによって感知される。自分の標識と違う標識をつけた細胞を発見すると、免疫システムが発動するのだ。その主役はT細胞といわれるパトロール細胞だ。T細胞はつねに体のなかに異物が侵入していないかどうか、パトロールしながらチェックしている。異物を発見すると、免疫システムの戦闘部隊に司令を出し、強力な戦闘細胞たちを召集する。そして召集された細胞が協力して異物を攻撃し、やっつけてしまうのだ。

　これが免疫システムというもので、私たちはこのシステムをもっているから、体に侵入してくるウイルスや異物を排除し、健康な生活を送ることができるわけだ。といっても、このシステムは完全であるわけではない。免疫システムをうち負かすような強力なウイルスも自然界には多く存在する。そのため、それらが体に入ってくると、非常にやっかいなことになる。

●どのような仕組みで、胎盤は拒絶反応を押さえているのか

　ともあれ、人間がこの免疫システムをもっていることにより、ふつうなら母親は自分の子宮に侵入してくるわが子の細胞を異物として認めてしまうことになる。しかし胎盤組織は、それをたくみにカモフラージュしてしまう。その仕組みはまだよくわかっていない。

しかし、それをになっているのは、胎盤のもっとも外側にある栄養芽層の細胞らしい。そこにある細胞たちが各種のホルモンや化学物質を出して、胎児は母親にとって異物ではないと、母親の免疫システムを煙に巻いてしまうのだ。

母親の免疫システムが巧妙にできている一方で、胎児の方はその免疫システムから身を守る術《すべ》を身につけている。

この件に関連して、S先生は私におもしろいことを教えてくれた。それはAという種類のネズミと、Bという別の種類のネズミの胎児について、胎盤部分を残して胎児の胚芽を交換するとどうなるかをためした実験だ。

Aネズミの胚芽を取り出して胎盤部分と胎児になる部分とに切りわける。同じようにして切りわけたBネズミの胎児になる部分をAネズミの胎盤部分にくっつける。そしてAネズミの子宮にもどしてやる。つまり、このときAネズミの子宮に入れられた胚芽は、Aネズミの胎盤とBネズミの胎児である。そうすると、AネズミからBネズミがちゃんと産まれてくる。ところが、同じようにしてBネズミの胎盤部分とAネズミの胎児をくっつけて、Aネズミの子宮に入れると、胎児は死んでしまう。これは、母体と胎児が同種でも胎盤が異種であれば、妊娠生育は成立しないことを示している。しかし逆に、母体と胎児が異種でも胎盤が同種であれば、妊娠生育が成立するということだ。

このように、胎盤はさまざまなホルモンを出して、胎児を守り、妊娠を維持させ、胎児を生育させる、まさに奇跡の臓器といっても過言ではないだろう。その臓器の発生と発達が、おそらくは遺伝子DNAに書き込まれた出生プログラムのなかに書き込まれているのだ。

●必要なときに、必要な場所に、必要な組織ができていく

胎盤組織がしっかりと成長するにつれて、胎児は順調に発育を続けていく。プログラムどおりに、必要な時期に必要な場所に、必要な組織がつくられるのだ。胎児の体がどのようにつくられていくのかについては専門書にくわしく書いてあるが、それを全部紹介していてはとても紙面が足りない。しかし、そのさわりだけ紹介しておこう。

妊娠第三週に入ると、胚芽のなかにはっきりとした体の中心線が現れ、それに沿って将来腸や背骨になる部分ができてくる。腸になる管の両端には口になる部分と、排泄口になる部分とがはっきりと見えるようになる。また頭の部分とか、首の部分とか、胴の部分というように体の節(体節)の区別が生まれ、神経管も現れてくる。

第四週になるとそれらの組織はさらに分化・成長する。とくにこの時期はひらたい体の構造が、立体的な構造に変わり、ようやく脊椎動物らしくなってくる。たとえば将来の脳になる部分が形を現し始め、背骨になる部分もしっかりしてくる。そして第六週には肋骨がはっきりとした形を現し始める。神経細胞は第四週頃から体の各部分に移動して、第八

週には体の必要な部分におさまる。そしてその後は各部位でどんどん神経繊維をのばしていくのだ。

心臓は原始的なものが第四週にはでき、鼓動を打ち始める。そして第八週にはほぼ完成する。その頃までに、動脈や静脈の血管系もほぼ全身に張りめぐらされる。胃腸は第五週にははっきりとした形を現し、十二週目頃までに他の腸がつくられる。

一方、体の形を決める外側の変化はというと、まず手や腕となるふくらみが第三週にできてきて、七週目までに手や腕の形がはっきりとしてくる。ここでおもしろいのは、指がどのようにできるかということだ。初めは小さなうちわのような形をしていた手が、指となる細胞をのぞいて死んでいく。指と指のあいだにある細胞が死ぬことによって、指ができるのだ。足の指も同じだ。第四週の初めに足となるふくらみが現れてから、第七週頃には、足も、足の指も、はっきりとした形になる。そして第八週には小さい手足がはっきりとできて、とてもかわいらしい姿となる。

頭部のでき方は、初めはちょっとグロテスクかもしれない。というのも頭の形の現れ方を見ると、初めは人間の頭の形にはとうてい思えず、魚かなにか他の下等な水生動物の頭のように思えるからだ。トカゲや鳥、またブタなどの動物の頭のようにも思えてくる。そこにまるで私たちの進化の足跡が現れているかのようなのだ。しかし第二十週くらいになると、親が見ても安心できるくらい人間の頭らしくなる。目や鼻、耳や口も、その頃にはあるべきところにあるように見えるからだ。

●脳は外界との仲立ちをつとめる器官

次は、脳だ。これは、かなりおもしろい。脳こそ、人間が人間であることを証明する組織である。人間は発達した大脳皮質でものを考え、科学や芸術を生んだ。また心を発達させることができたのも、脳が発達したからである。

脳は、第四週あたりから原始的な形としてでき始める。まず、神経管の先に三つのふくらみができる。それらはやがて間脳、小脳、脳下垂体や視床、視床下部などをつくり始め、大脳辺縁系や大脳などをつくっていく。そして脳は、妊娠の全期間にわたって発達を続ける。脳の発生で興味深いのは、脳は、皮膚が発生するのと同じところからできてくることだ。皮膚というのは、自分と外の世界をわかつ境界をつくる。また同時にそれは自分と外界との接点、つまり仲介層でもある。したがって、脳もなんらかの形で外界との仲介をしていてもおかしくはないだろう。

紀元前五世紀、ギリシャで活躍した医学の父ヒポクラテスは、意識にとって、脳は外界との仲立ちをつとめる器官であり、意識の通訳器官であるといった。人間は心臓でものを考えたり、痛みや不安を感じたりすると多くの人たちが考えていた当時、これは画期的な考え方であった。てんかんの治療などで知られる脳外科の世界的権威、ワイルダー・ペンフィールドは、一九七六年に亡くなる前に『脳と心の正体』(邦訳、法政大学出版局)という本のなかで、このヒポクラテスの考え方を紹介したうえで、人間の間脳という脳の一部に、心に直結した部分があると主張した。

そしてさらに、心は脳の仕組みを介してのみ他の心と交信できるのではないかとしたうえで、霊魂の存在を考えた方が、さまざまな現象を合理的に説明できるといったのである。人は死ぬと魂が体から抜け出し、次の生に向かって輪廻転生の旅に出るという考え方があるのはご存じであろう。そういう霊魂の存在を、脳外科の大御所が主張していたのである。また、彼は心を霊魂と同義的に考えていたらしい。

そうすると、霊魂と間脳の関係が気になってくる。彼は、間脳に霊魂が宿ると考えていたのだろうか。あるいは、宿るとまではいかないが、霊魂からの情報を仲介する場所と考えていたのだろうか。彼が生きていたら、私はインタビューを申し込んで、この点を聞きただす衝動を抑えることができなかっただろう。

彼が、間脳の一部に心と直結した部分があると確信したのは、てんかんの研究からだった。間脳のその部分にてんかん性の放電が起こると、特徴のある小発作が起こるのだ。それは患者をまるで心のないロボット人間に変えてしまう。たとえばピアノの練習中にこの発作が起こると、しばらくのあいだ、うわの空の状態になるが、ピアノはかなり上手に引き続けることができる。また、車を運転しているあいだにこの発作が起こると、車はそのまま運転できるのだが、信号をいくつか無視して走ってしまう。小発作のあいだは、心を失って動いているロボットのような状態になるのである。当時は、患者の脳を電気で刺激して、てんかん発作を起こす実験が許されていたので、ペンフィールドのこの主張は実験的な裏づけもあるのだ。

ここから少々大胆な推測をすることができるかも知れない。胎児の脳がつくられていくとき、間脳が他の脳の部分や感覚器官と神経的につながれて、ある程度完成されたとき、霊が宿るのではないか、と——。間脳がはっきりとした姿を現すのは妊娠第五週頃、そして四ヵ月目までにはある程度神経系との連絡が確立する。とすればこの期間に、胎児に霊が宿るのかも知れない。

●胎児の形をつくり上げていくもの

話を元にもどそう。このように胎児の体は、出生のプログラムにしたがって、必要なときに、必要な場所に、必要な組織がつくられ、徐々に人間の形を整えていく。前にも述べたように、すべての細胞のひとつひとつに、両親からもらった遺伝子が入っている。その遺伝子の厖大な情報のなかから、それぞれの細胞は必要な情報だけを読み出して、それぞれの細胞をつくっていく。手の部分の細胞では、手の細胞をつくる遺伝子だけが働いて、その他の遺伝子細胞にならないようにカギがかかっているのだ。その結果として、体の各部分の形ができ、総体としてからだ全体の形が整っていく。

これに関して、最近わかってきた遺伝子の巧妙な仕組みがある。それは、「マスターキー遺伝子」の存在と、その重要な役割である。マスターキー遺伝子というのは、ホテルのすべての部屋を開けることができるカギのようなものだ。たとえば手をつくるには数千の遺伝子が働いて、手の部品すべてをつくらなければならない。手をつくるためのマスターキー遺伝子は、それらの遺伝子のすべてのカギを開けることができる。したがって、そのマスターキー遺伝子があることにより、手をつくるために必要な数千の遺伝子がうまく働いて、手ができるというわけだ。

バーゼル大学のウォルター・ゲーリング博士は、眼をつくるマスターキー遺伝子を見つけたという。その遺伝子を足など体のいろいろな場所で働かせてみると、その場所に眼ができたというのだ。眼が、ふつう眼のある場所ではない足などにできたというとぎょっとするが、もちろん人間の話ではない。ハエで実験した話だ。眼をつくるために、多くの遺伝子が働いて眼の部品をつくるからこそ、眼という組織ができる。それらの遺伝子すべてのカギを開ける遺伝子が、さながら司令官のように命令をくだして、眼をつくるのだ。

このように、マスターキー遺伝子は手や足、眼や鼻といったいろいろな組織をつくるために働く。それで体の各部分ができていくのである。ひとことでマスターキー遺伝子といっても、それが働く仕組みはかなり複雑である。現在わかっているところによると、どうやらこの遺伝子は、体の各部分をつくる遺伝子のカギを開ける特殊な物質をつくるようだ。その物質が数千の遺伝子のカギ穴部分にピッタリとはまり込むと、どうやら次の生化学的反応が引き起こされ、たとえば眼などの組織をつくっていく。

それでは、そういうマスターキー遺伝子は、どのようにコントロールされているのか。それはカリフォルニア工科大学のエドワード・ルイス博士によって解明された。三十年以上ハエの遺伝子や突然変異を追究してきた彼は、ハエの体のどの場所をどういう形にするかは「ホメオティック遺伝子」が決めていると推測した。

その後、バーゼル大学のゲーリング博士のところに留学していた黒岩厚博士とウィリアム・マクギニス博士たちは、実際に、ハエの体の形を決めるホメオティック遺伝子を八個見つけた。そして、それらの遺伝子の働きを調べてみると、マスターキー遺伝子に命令を出していることがわかったのだ。その命令によって、マスターキー遺伝子はコントロールされていたのである。

さらに、マクギニス博士はとんでもないことを発見した。ホメオティック遺伝子が、ハエばかりでなく、ネズミや人間にもあることを発見したのだ。しかも驚くべきことに、その遺伝子は違う種の生物でも共通していた。その証拠に、ハエのホメオティック遺伝子のかわりに、人間のホメオティック遺伝子を使って実験してみると、正常なハエが生まれたのだ。体の形を決めていく司令官の役割を果たすこの遺伝子が、生命に共通であるというのはなにを意味しているのだろう。生命進化の謎解きに一歩近づいたようにも思えるが、かえって謎は深まったのかも知れない。

くわしい研究の結果、ハエで見つかった八種類のホメオティック遺伝子は、人間には十三種類あって、それが四系統に別れてマスターキー遺伝子をコントロールしていることがわかったという。それらの遺伝子によって、胎児は母親のお腹のなかで人間の体を形づくっていくのである。

それでは、このホメオティック遺伝子にはなにが命令を下すのか。これはまだ深い謎につつまれたままだ。しかしながらひとつの手がかりはある。遺伝の研究によく使われるショウジョウバエでは、母親の出す遺伝物質(メッセンジャーRNA)がその主役らしいことがわかってきたのだ。母親の体内で卵子になる細胞の近くにある細胞が、それをつくり出し、あらかじめ卵子のなかに入れておくらしい。それにより、ホメオティック遺伝子が動き出し、逐次、体の形を決めていくと思われるのだ。もしこういうことが人間にもあるならば、体内の子供の体の形を決める指令を出すのは母親であることになる。今後の研究成果が楽しみである。

●誕生とともに体の状態を激変させる赤ん坊

さて、このように数多くの謎と神秘と不思議をかいくぐって無事に成長してきた胎児に、いよいよ出産の日がやってくる。母親に波状に押し寄せてくる陣痛はやがてその間隔が短くなっていき、赤ん坊は産道を降り始める。すると陣痛は耐えがたいものとなり、赤ん坊が産道から出る直前、その痛みは頂点に達する。そして、赤ん坊は元気な産声《うぶごえ》をあげる。新しい生命誕生の、実に劇的な瞬間である。そのとき、多くの母親は生まれたてのわが子を見ながら、思わず「かわいい！」とほほえむ。実際に声をあげてそう叫ぶ母親もいる。

しかし、その瞬間、赤ん坊の血液循環はプログラムどおりに激変する。前にすこし触れたが、胎児のときは胎盤を通して母親から酸素をもらっていた。しかし生まれた瞬間、赤ん坊は自分の力で肺呼吸を始める。そのため、血液中の酸素濃度は急上昇する。これは数分間でエベレストの頂上から平地に降りてくるような急激な変化だという。この変化が引き金になり、胎盤と赤ん坊のおへそをつなぐ血管は自動的に収縮して、そのなかの血流は自然に止まる。

そして赤ん坊の血液循環系は、図に示すように胎児循環から大人の血液循環へと切り替わっていく。胎児循環というのは、胎児が胎盤をとおして母親に依存した血液の循環系で、胎盤が全身の臓器に対して並列につながっている。また、心臓の右側(右心房)と左側(左心房)は卵円孔《らんえんこう》という穴によってつながっているので、右心房から左心房へ血液が流れ込んでいる。

ところが肺呼吸により肺に空気が入ると肺と心臓をつないでいた血管を流れる血液量が

急激に増え、数分以内に卵円孔が閉じてしまう。また生後十時間から十五時間のうちに心臓から胎盤へとつながる下行大動脈をつないでいた動脈管が閉じ、数ヵ月のうちに大人の血液循環系になる。全身、心臓の右側、肺、心臓の左側、全身という順序で、直列につながるのである。

私が妻の分娩に立ち会ったときのことを思い出し、赤ん坊の変化でほんとうに不思議だと思うのは、わが子が生まれてすぐに「おぎゃあ、おぎゃあ」と激しく泣きながら肺で呼吸し始めたことだ。泣くことで血液中の酸素濃度を上げなければならないように仕組まれているとはいうものの、どうして赤ん坊は生まれてすぐにそんなにも見事に肺呼吸に切り替えることができるのだろう。

実は、赤ん坊は胎児のときからその準備をしているという。妊娠三十週目頃から、胎児は胸郭を動かす呼吸様運動をしているというのだ。その様子は、産婦人科の超音波検診でもはっきりと認められるという。そのとき胎児の肺は液体(肺液)で満たされている。そしてこの運動により、羊水《ようすい》を吸い込むことはないが、肺液を羊水のなかに吐き出す。胎児は出産によって空気のある世界に入ったときすぐに呼吸できるように、お腹のなかにいるときから練習をしているのである。

また、生まれてすぐに空気を吸い込むと、肺の細胞が空気に触れて収縮してしまう危険がある。しかし、胎児はちゃんとそれを防ぐ特殊な物質を肺の細胞にため込んでいるのだ。

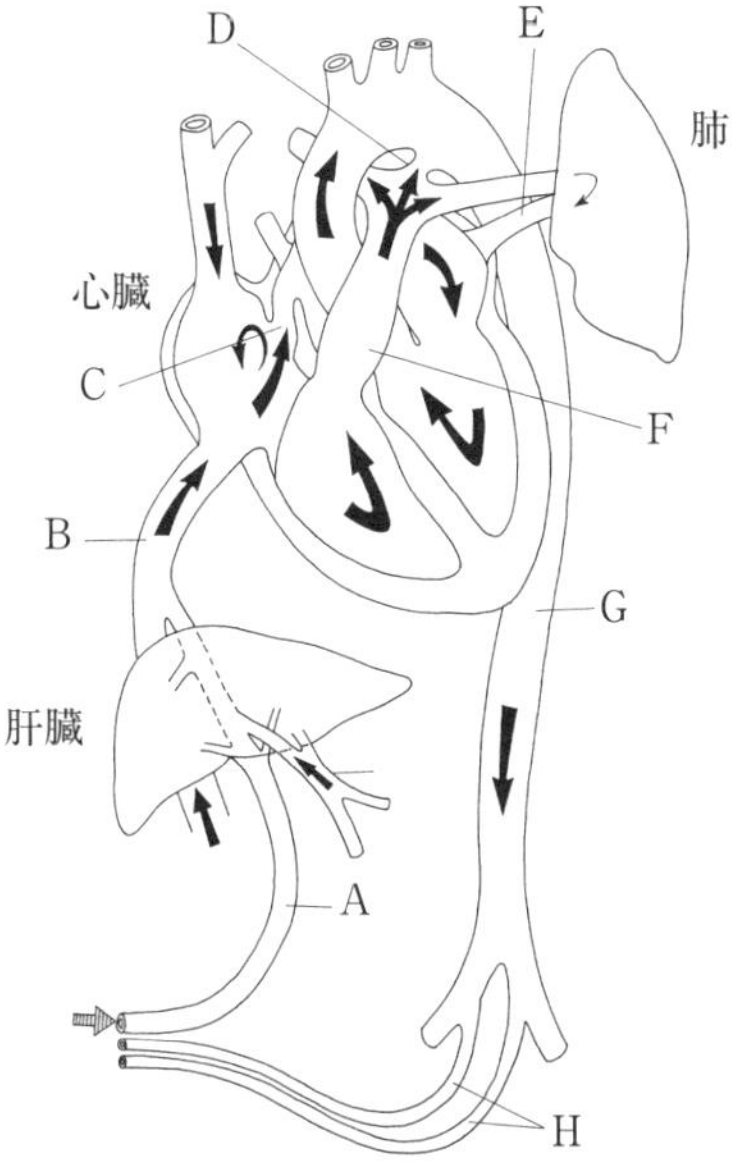

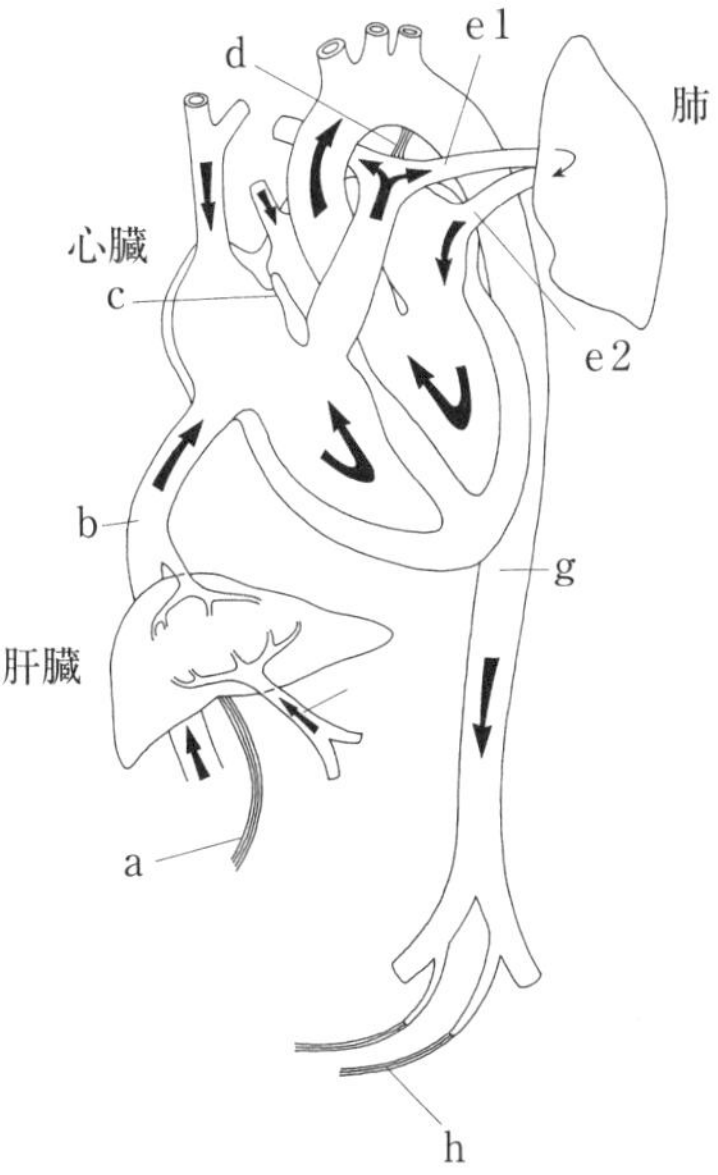

胎児循環

胎盤からの血液は左下矢印のところからA（臍静脈）、B（下大静脈）を通って右心房に入る。胎児の心臓にはC（卵円孔）と呼ばれる穴があいているため、血液はそのまま左心房に入る。そして左心室からD（動脈管）を通り、G（下行大動脈）、H（臍動脈）を経て胎盤にもどる。一方、右心房から右心室を通りF（肺動脈）へまわった血液はD（動脈管）からGに入り、H（臍動脈）を経て胎盤にもどる。胎児期にE（肺静脈）を流れる血液は少量である。

成人循環

出生後、a（臍静脈）とh（臍動脈）は自動的に閉鎖し、c（卵円孔）も閉じる。また肺呼吸によりe1（肺動脈）とe2（肺静脈）に大量の血液が流れ、やがてd（動脈管）が閉じて、成人循環が完成する。すなわち、右心房、右心室、肺、左心房、左心室、体組織とめぐる直列の循環系となる。

なんと準備周到なことだろう。

胎児の肺のなかは肺液で満たされている。その三分の一を、胎児は出産のとき吐き出す。母親のせまい産道を通り、肺が圧迫されるからだ。しかし生まれ落ちると、肺はもとの大きさにもどる。そのとき、空気が吸い込まれる。母親が陣痛で苦しむのも、産道よりすこし大きな赤ん坊を生もうとするからだ。また生まれてくる赤ん坊にとって、産道の締めつけは相当なストレスに違いない。しかしそれは、赤ん坊が生後無事に生きていかれるように巧妙に仕組まれたものだったのだ。

ちなみに、生まれてすぐ赤ん坊が「おぎゃあ、おぎゃあ」と泣くのにも意味があるという。泣くことによって声門をせまくし、吸い込む空気に力を与えているというのだ。そうすることで、肺のなかに空気が均等に行きわたり、息を吐いても肺のなかに空気が残るので肺がつぶれないのである。まさに神業のような芸当を、赤ん坊はみな行うのだ。

先に紹介した産婦人科医のS先生は、出産という人生で最大の劇的瞬間に立ち会っていつも思うことを次のように語ってくれた。

「羊水のなかで生活してきた胎児が分娩という一瞬のあいだに胎外の空気のある生活に適応するメカニズムは、なんと巧妙にできていることだろう。生命の誕生を神秘と考えた古人の思いがわかるような気がいたします。神のなせる業……、こういう表現が正しいのかもしれません。ただ、時として起こる、神様のいたずらに手を焼いてもいますが……。どこかに新しい生命のスイッチがあり、それがいったん入ったら、人間の力ではどうすることもできないことが多いですね」

●新しい生命のスイッチを入れる存在

ふつうは男と女が出会い、恋をし、結婚して、自分たちの子供をつくりたいと思うようになる。あるいはごく自然の成りゆきで子供をさずかる。また、行きずりの男女のあいだに子供ができてしまうことがある。それを人間のなかに組み込まれた本能のなせる業《わざ》であるというい方もあろう。しかし、考えてみればこれほど不思議な現象はない。男性と女性という二種類の性によって、子孫がつくられるようにできているのはなぜであろう。地球という惑星に生まれた生命の多くが、そのような形で自分たちの子孫を残している。どうして、そのようになっているのだろう。

男性と女性によって子孫が残されるということは、男性の遺伝子と女性の遺伝子が混ぜ合わされるということでもある。それがどういう意味をもつかといえば、実は、子孫が多様性をもつということなのだ。

ナショナル・ジオグラフィック・ソサエティの『人体の神秘』(邦訳、福武書店)によると、同じ両親から生まれる子供の兄弟が、同じ遺伝子DNAの組み合わせをもつ確率は、一卵性双生児の場合をのぞいて、七十兆分の一であるという。これはほとんどゼロに近い数字だ。ということは、男性と女性の遺伝子が混ぜ合わされることにより、祖先とは違う組み合わせの遺伝子をもった子供たちが無数に生まれていくということだ。まるで自然が遺伝子混合の壮大な実験をしているようではないか。

新しく生まれた子供たちは、いまのところ人間という種の枠にとどまっているが、いつかその壮大な遺伝子混合実験のなかから、人間の能力をはるかに超えた新種の人類が生まれるのかもしれない。

太古の昔、生命はふたつのタイプにわかれていた。ひとつは大腸菌のように、分裂を繰り返し、自分とまったく同じ遺伝子をもつ子孫を無限に増やしていくタイプ。もうひとつは同じ種類の他の個体と遺伝子を混合させて、自分とは違う遺伝子の組み合わせをもつ子孫を生んでいくタイプ。人間は後者の末裔《まつえい》なのだ。しかし、そのタイプの生命は、実に多くの種類の生命を、この地球にあふれさせた。いいかえれば、生命の進化は遺伝子を混合する彼らのうえに起こってきたドラマだということなのだ。

さらにまた、ふたつの性が出会い、お互いの遺伝子を混合させようとするのは、この地球上にいる生命に起こっている進化の大いなる力に誘導されているからではないのか。その力に誘導されているので、人間の場合は男と女が恋をし、遺伝子を混合させて、自分たちとは遺伝子の組み合わせが違う子孫を残そうとするのではないか。そしてその大いなる進化の力は、地球生命に対して、なにか明確な目的をもって生命に働きかけているのではないか。私はときどきそう思うのだ。

それでは、私たちにその大いなる進化の力を与えているものは何であろう。それはわからない。しかし、それは第一章で述べた村上博士のいう「サムシング・グレート」かもしれない。あるいはまた、第四章で述べるつもりだが、この地球をつつむ大いなる「心の場《マインド・フィールド》」とでも呼べるものかもしれない。いずれにせよ、私たちをつつみながら私たちに恋をさせ、男と女の遺伝子を混合させるように誘導している存在があるのではないか。だとすれば、それは私たちが知っている重力場や電磁場などのように物理的に明確に実在しているが、現在の私たちはそれを知る術《すべ》を知らないだけなのだ。

空気の存在をふだん私たちは意識しないが、風が吹いて樹々の葉をゆらすとき、私たちは空気があったことを思い出す。それと同じように、私たちは恋をして子供をさずかったとき、ふとわれに返って、私たちを愛にかりたてている大いなる何ものかの存在を意識するのだ。それは第四章で述べるような「愛と美の女神」なのかもしれない。

そのようななにか大いなる存在が、新しい生命のスイッチを入れるのだろうか。「心の海」を主催しているS先生は、受精、妊娠、そして出産のメカニズムを究明していろいろなメカニズムを知れば知るほど、なにか大いなる存在がその仕組みをつくったのではないかという思いにかられるという。そして次のように語るのだ。

「産婦人科医として生命の神秘を実感するのは、やはり新しい生命が誕生したときですね。

別の個体に宿り、ほんとうによくここまで成長してきたという思いがします。それは、別の命が生まれてきたという実感がもっとも込みあげる一瞬です。そして、何だかわからないけれども、神様のような存在が、このような生命誕生の仕組みをつくったのではないかと思うことがあるのです」

昨今はクローン生物をはじめとして人工的な生命操作がしきりに話題になっている。こうしたことはあたかも科学が生命を知りつくし、いまや人間は生命をコントロールできるようになったと感じさせる。しかし、彼は次のようにも語るのだ。

「受精から出産にいたるメカニズムは、つきつめればつきつめるほど複雑で、そのすべてを人間がコントロールすることは不可能に近いと思います。そういうメカニズムをもった人体を不思議に感じますし、なぜこれができたのかということは、おそらく誰にも答えられないのではないでしょうか。一般の方はおそらく、ほとんどのことはわかっているのだと思われているのかもしれませんが、実は、知れば知るほどわからなくなることの方が多いのです」

私もまったく同感である。

この地球上にいる六十億人の人たちは、その神秘なメカニズムを通して、この世に誕生しているのである。いや、過去四百万年のあいだに、八百億人の人間がみなそのメカニズムによって、この世に生まれてきたのだ。なぜであろう。それを解く糸口となるかもしれない「ウィラーの仮説」を第四章でくわしく紹介しよう。だがその前に次章で、私たちの身のまわりで起こる「偶然の一致」について考えてみたい。それが起こる原因が、この仮説で説く「惑星心場《プラネタリー・マインド・フィールド》」と深くかかわっていると思われるからだ。

第三章●「偶然の一致《シンクロニシティー》」はなぜ起こるのか

●世界にあふれる不思議な「偶然の一致」

私たちのすむこの世界には、驚くほど多くの「偶然の一致」が存在している。私たちのまわりで起こるほんの小さな偶然の一致は、よほど気をつけていないとそれと認識もされず、忘却の彼方に消え去ってしまう。しかし、夜空に美しい飛跡を残す流れ星のように、人生に忘れがたい思い出を残すものも少なくはない。第二次世界大戦のさなか、ひとりのアメリカ人女性ライラ・リーゼの体験したこともそのひとつであろう。

彼女の夫は飛行機の機械関係の仕事に従事していたが、あるときデトロイトに出張しなければならなくなった。夫は彼女を連れていくことにし、途中、叔父と叔母を訪ねようとシカゴに宿をとることにした。さて、出発の直前、彼女は兄のウォーリーから一通の手紙を受け取った。兄は海軍で働いていたが、ある仕事のためシカゴの基地に行くことになったという。ところが手紙にはいつ行くのか、シカゴのどこに行くのかなどという詳細についてはまったく触れられていなかった。

リーゼ夫妻は土曜日にシカゴに着き、一晩泊まり、次の日曜日、汽車の出発時間まで時間があったので、ミシガン湖の近くを散歩することにした。そのあたりに海軍基地があると聞いていたので、彼女はもしかするとそこで兄についてくわしいことがわかるかもしれないと思った。よく晴れたあたたかい日だった。ふたりは美しい青に輝く湖をめざして歩いた。その風景のなかにひとかたまりの小さな人かげが見えた。それを見て彼女の夫は彼女の腕をつかんでいった。

「あの水兵さん、君のお兄さんじゃない？」

そう、まさにそのとおりだったのだ。彼らはお互いに名前を呼びあいながらかけ寄った。二人とも鳥肌が立っていた。兄のウォーリーは近くの基地に三日間仕事で立ち寄っただけだった。しかもそのとき、たまたま基地を出て散歩していたというのだ。これはライラにとって、なにかわからないけれども偉大なる魂の結びつきを感じた、忘れがたく美しい出来事であった。

●祖母の素晴らしい恋愛体験を繰り返した孫娘

ジェーン・エリオットというジャーナリストがいる。彼女はたいへん多才な人で小説家でもあり、教育者でもある。彼女は幼い頃から祖母にとてもかわいがられていた。祖母は美しく品のよい人で、澄んだ、しかし少々しわがれた声で、よく幼いジェーンにたくさんの話をしてくれた。ジェーンはそれを聞くのが好きだった。その話のなかで、とても不思議なものがひとつあった。それは非常にロマンティックな話だったが、七歳のジェーンには理解できなかった。祖母は九十歳だった。

祖母が繰り返し語るその話は、祖母がまだ若い頃、グランドキャニオンの断崖の縁《ふち》で素晴らしい愛の体験をしたという詩のような物語だった。雄大なグランドキャニオンにある滝の水が轟々《ごうごう》と落下するまさにその縁で、恐れもせず、流れ落ちるその滝の底をながめながら素敵な男性《ひと》と一夜を過ごしたという。

それはこの世のものとも思えないほどに美しい愛の体験だった。グランドキャニオンの縁でたったふたりきりで夕陽をながめていた。空いっぱいにオレンジ色がひろがっていた。そこに神々《こうごう》しいばかりの金色が混ざると、鳥たちの鳴き声が聞こえ始めた。巣に急ぐその鳴き声はふたりの魂をゆさぶった。やがて徐々に濃くなってくる闇の色が満天の星空を運んでくるのだ。祖母はまるでそのときの思い出にひたりきったようにジェーンに語って聞かせた。幼いジェーンはまるで魔法にかかったように、心にその光景を映すのだった。彼女の心にひろがる空の色はいったん緑になって、次に赤、紫、そしてなんの汚《け》れ《が》もないダークブルーへと変わった。そこに月がのぼり、無数の星がまたたき始める。滝の底から続く河は鏡のように月影を映し、満天の星を映し出している。大自然のショーが終わると、そこは暗闇と静寂にすっかりつつまれている。ふたつの影はひとつになって、至福の眠りへと落ちていく……。

それから何十年もの時が過ぎたある日、ジェーンは新婚旅行のドライブを楽しんでいた。アレックスという名の理想の男性とともに。アツアツのふたりはほとんど計画も立てず、ルンルン気分でアメリカ西部をひたすら走った。そして旅行の二日目、気がついてみるとなぜかグランドキャニオン国立公園の入り口にいた。というより、迷い込んだといった方がいいだろう。ふたりはそこで一夜を過ごそうとホテルにたどり着いたが、そこはすでに満室だった。その日はもうドライブを続けたくはなかったのでどうしても泊まりたいというと、いまは使っていない部屋があるという。ボーイについていくと、迷路のような回廊を通って、実に古い別棟の部屋に案内された。

しかしそこは客を迎えるため、なかはきちんと整えられており、大きなベッドにバスタブ、火のともされた暖炉があった。上等だった。彼女はまずバスタブに熱いお湯を満たして入浴した。しばらくお湯につかっていると、ドライブの疲れは徐々にほぐれていった。浴室の窓にはカーテンがかけられていた。彼女は先ほど見た美しい日没を思い出しながら、カーテンを開けた。

するとそこにひろがっていたのは、オレンジ色と黄金色《こがねいろ》に輝く空。そこに緑と紫がまだらに混じり合い、またたき始めた星に、緑がかった満月。そして、グランドキャニオンの崖が遠くまで見わたせ、瀑布《ばくふ》の銀色《シルバー》リボンは滝の底までつながって見えた。驚いた彼女は浴室から飛び出し、ベッドルームにかけ込んだ。そしてベッドの脇のカーテンを開けた。そう、ベッドはまるでグランドキャニオンの縁に浮かんでいるかのようだった。まさに何十年も昔、彼女の祖母が語ってくれた光景がそこにひろがっていたのだ。ふたりはカーテンを開けたまま、夢のような一夜を過ごした。

祖母と孫娘は同じ場所で同じように、この世のものとも思えない素晴らしい愛の体験をしたのである。なんと美しくロマンティックな偶然の一致であろう。それにしてもなぜ、こんなにも美しい偶然の一致が起こるのであろう。運命の星というものがあるならば、この祖母と孫娘は美しく幸せな恋愛をするという運命の星を同じようにもっているのであろうか。それは家族的無意識の世界を発見したレオポルト・ソンディー博士の体験とまったく逆の体験のように思えてならない。

ソンディーによれば、恋愛、結婚、友情等の形式は家族的無意識によって規制されるという。ソンディー自身も異母兄の悲惨な恋愛を繰り返しかけたことがあった。異母兄はウィーン大学で医学の勉強をしていたとき、情熱的なブロンド髪の女性に熱烈な恋をしたが、それは悲惨な結末を迎えた。何年もあとになってソンディーも同じようにウィーン大学で医学の勉強をしていたとき、同じように情熱的なブロンド髪の女性に恋をしたのだ。しかし彼はその恋愛をふり切った。深層心理学を研究していた彼は、自分が異母兄と同じような悲惨な運命をたどると予感したからだ。ソンディーは悲惨な偶然の一致に途中で気がついて、そこから脱出したのだ。

●本の制作実習にまつわるふたつの偶然の一致

アラバマ州に住むテレンス・テイラー氏は、本の装丁を仕事とするアーティストである。いまから十数年も前、彼は下腹部に感染症をわずらって苦しんでいた。ある金曜日の夜、彼は痛みをまぎらわせようとテレビを観ていた。おもしろい番組がないのでチャンネルを次々に変えていると、ある芸術家の特集番組をやっていた。その芸術家は、まるで世捨て人のようにある小さな島に住みついて作品をつくっているという。

テレンスはその番組に心を動かされたが、その芸術家の名前と、彼が住んでいたという島の名前を聞くことはできなかった。番組の途中から観たせいだろう。その日はそれで終わったが、その芸術家のことは忘れなかった。

それからほぼ十年がたち、病もすっかり癒えた彼は仕事を変えるため、アラバマ大学で本の製作について学ぶことにした。彼はそこで単位取得のためなにか作品をつくらなければならなかった。彼は十年前のテレビ番組で特集していたあの芸術家の作品を本にしたかった。しかしその芸術家の名前がわからなくて困ってしまった。

彼はミシシッピーから来たという女性と親しくなった。彼女も同じ大学で学んでいた縁だろうか。ある日彼は彼女に不意にその芸術家のことを話した。なぜ話したのかはわからない。すると彼女の顔が青くなった。彼女はその芸術家のことをよく知っていたのだ。それればかりではない。彼女の友達がその芸術家の娘の住んでいる家の数軒となりに住んでいるというのである。

芸術家の名前はウォルター・アンダーソンといった。残念ながらウォルターはすでに亡くなっていたが、彼はその娘に会うことができた。そして許可を得てウォルターの作品を本に使うことができたのである。

ところが偶然の一致はもうひとつ重なった。アメリカにはインターシップという制度がある。夏休みなどを利用して学生が企業などに行き、仕事を手伝うことで単位が取れるという制度だ。テレンスはそれを利用してニューヨークの学校で仕事をしていた。そしてちょうどコピーをとっているときに、他部門の教授をしている友人が近づいてきて、本づくりの課題についてはなにをしているのかと聞かれた。

テレンスはウォルター・アンダーソンの本をつくると答えたが、中身の文章をどうしてよいかわからないでいた。すると教授は、学内にウォルター・アンダーソンについての詩を書いている詩人がいるという。テレンスはさっそくその詩人に連絡をとって、本のなかをその詩で満たした。

●「シンクロニシティー・ウォッチング」

以上三つの話はいずれも『魂の一時』(原題 *Soul Moments*) という本から紹介させていただいた。この本はフィル・コージナウとロバート・ジョンソンというふたりのアメリカ人の書いた、「シンクロニシティー」の体験談を集めたものだ。「シンクロニシティー」とは、二十世紀の偉大な心理学者のひとり、カール・グスタフ・ユングによってつくり出された言葉だ。お互いになんの関係もない複数のことが、まるで意味ありげに起こる現象のことを、ユングは「シンクロニシティー」と名づけた。日本語では「共時性」とも訳されているが、本書ではわかりやすく「偶然の一致」と呼ぶことにしよう。

さて私は本章の最初に、この『魂の一時』のなかから三つの話を引用し、わかりやすく要約したのだが、この本にはこのような偶然の一致の体験が九十話近く載っている。どれも偶然に起こったとは考えられないものばかりだ。なぜそのような出来事がこうも頻繁に起こるのであろうか。この本に紹介されているものは主にアメリカに住む人たちのうえに起こった偶然の一致であるが、日本の人たちのうえにも頻繁に起こっている。それはCさんという二十代の女性が開設しているインターネットのホームページ「シンクロニシティー・ウォッチング」を見るとよくわかる。

私は出版社のすすめもあって、この本には偶然の一致についても書こうと思っていた。そこでなにか参考情報が見つかるかもしれないと、インターネットで検索してみた。するとすぐに見つかったのがこのホームページだった。

Cさんによると、このホームページには一日三十件以上のアクセスがあるという。なかには常連さんもいるようだが、一日三十人の人が見にくるというのはたいへんなものだ。これは投稿型のホームページで、日常体験した些細な偶然の一致でも、電子メールに書いて送ると掲載してくれる仕組みになっている。しかもCさんのさわやかなコメントつきで。それがこのホームページを成功させている秘訣かもしれない。なにせ、ホームページ開設後一年とたたないうちにアクセスが一万件を越えてしまったというのだから。

そこには日常誰に起こっても不思議ではない偶然の一致が数多く掲載されている。そのいくつかを紹介しよう。

まずは、ある高校の野球部応援団に入っていたA君の話。彼は同じ応援団に入って知り合ったB君から、誕生日がいつなのかと聞かれた。A君が答えると、B君は「そうか、やっぱりな」といって、自分もまったく同じ日に生まれたという。しかも驚いたことに同じ病院で生まれたというのである。同じ病院で同じ日に生まれたふたりの男児が成長して同じ高校に入り、同じ野球部の応援団で活躍するようになったというのだ。

Dさんは、なぜかいままでにつき合った五人のボーイフレンドの名前がみな「ひろし」だったそうだ。なんでも姓名判断では相性のいい名前だという。不思議なのは一番最近つき合っている彼とのこと。インターネットで知り合ったときは、「あつし」と名乗っていたはずなのに、いざつき合ってみてわかったほんとうの名前は、またもや「ひろし」だったという。

これと同じような話がある。いまから十年ほど前、東京で大学生活を楽しんでいたE君は、一ヵ月のあいだに五回ほど合コンに参加したことがあるという。フィアンセになれそうな彼女を探そうというわけだ。そこで一回目の合コンでのこと。となりに座った女性にとりあえず名前と血液型を聞いてみた。すると「ゆうこ、B型」とのこと。二回目の合コンで「ゆうこ」さんがいて、その女性の血液型はB型だった。ところが三回目の合コンで、となりに座った女性に名前を聞いたところ、やはり「ゆうこ」さんだったので、「もしかしてB型?」ときくと、彼女は驚いてしまった。まさにB型だったのだ。さて四回目の合コンで、E君は先手を打って「このなかにゆうこちゃんいる?」ときくと、おずおずと手をあげた女性がいて、なんとまたしてもその人の血液型はB型だった。そう、そして五回目の合コンのときも「ゆうこ」さんがいて、その人の血液型はB型だったのである。

次は食べ物の話だ。ある日の昼の出来事である。Fさんと職場の仲間たちが四人おしゃべりをしていた。話題は「肉じゃが」のこと。肉じゃがっておかずなのか、それともお惣菜なのかという話であった。私はおかずとお惣菜のちがいがよくわからないが、Fさんと同じ歳の友人は、おかずということで意見が一致した。その夜、会社から家に帰ったEさんは、食卓においしそうな肉じゃがを見た。ふだんはめったに家で料理しない彼女の夫が、なぜか肉じゃがをつくって待っていたのだ。彼に理由を聞いてみても、ただなんとなくという答え。あまりにおもしろかったので、翌日電話をかけてきた友達にこのことを話して、またびっくり。なんとその友達の家でも前の日は肉じゃがだったというのである。こんな文章を書いた私の家の今晩のおかずは、残念ながら肉じゃがではなかった。

とても天気のよいある休日、G君はひとりで三浦半島一周のドライブに出かけた。美しい海が見えてきてそれがとても印象的だと思ったとき、かけていた人気グループ、ドリカムのCDが「薬指の決心」という曲になった。ふだんは歌わない曲だが、その風景につられて彼は運転しながらその曲を熱唱した。次の週、友達とカラオケに行ったG君がそのモニターを見ると、なんと先週彼が走った道をドライブしている映像が映っているではないか！　そして次の瞬間、友達がリクエストした曲が「薬指の決心」だった。

Hさんはそのマンションに引越してきてからしばらくは何事も無かったが、ある日突然電話を止められてしまった。そのときHさんは、そこに移ってから手紙や請求書が届いていないことに気づいた。そこで郵政省の郵政監察局に問い合せてみると、その部屋に以前住んでいた人が、Hさんと同じ苗字《みょうじ》だったことがわかった。Hさんの名前はけっして珍しくはないが、いままでの学校では他にはいなかったほど少ない。それほど少ない苗字の前の住人が転居先不明になっていた。そこへ同じ苗字のHさんが入居してきた。しかし郵便局の人はそれに気づかず、すべての手紙を送り返していたというわけだ。

これと似たような話がある。セントルイス在住のジョージ・D・ブリソンさんが仕事でニューヨークへ出張したときのことだ。彼は途中ふとルーイビルに寄ってみたくなった。史跡の多いその町にかねてより行ってみたいと思っていたからであろうか。観光案内所で紹介されたホテルでチャーミングな郵便係の女性を見つけた彼は、冗談のつもりで「私宛ての郵便物は届いてないかね」といった。すると彼女は「はい、ございます」といって、一通の郵便を差し出した。たしかにジョージ・D・ブリソン宛ての手紙だった。真っ青になった彼はホテルに真相を調べてもらった。すると、ジョージ・D・ブリソンという同姓同名の男性が彼と同じ部屋についさっきまで宿泊していたという。

ともあれ、こんな不思議な話が満載された「シンクロニシティー・ウォッチング」というホームページは見ていて飽きない。しかしそれはある特別な人のうえに起こる珍しい現象ではない。Cさんもこのホームページで書いているように、偶然の一致は誰にでも起こりうるごく当たり前の現象なのだ。読者の方たちにも、そういえばこんなことがあったと思い出す偶然の一致がひとつやふたつはあるに違いない。そんなときは是非一度、Cさんに電子メールを送ってみてはいかがだろう。

●私にも起こった偶然の一致(その1)

このホームページに関連して、私にもちょっとした偶然の一致が起こった。それはCさんにインタビューするために電子メールを書いていたときのことだ。私の妻が、郵便受けに入っていたといって本の小包を私のところにもってきた。偶然の一致についてインタビューするためにコンピュータに向かっていたまさにそのとき、それは私の手元に届いたのである。

それはインターネットでアメリカの書店に注文していた本であった。題名は『魂の一時』。先ほどから紹介している偶然の一致の体験談を集めた本である。なんという偶然の一致であろう。私のいままでの経験からして、こういうときはその出来事に大きな意味がある。くわしくはあとで書くが、事実、それは本書を書くのにおおいに参考になった。

私は、最近インターネットで洋書を取り寄せる便利さを覚えた。この本を書くために何冊かの本をそれで取り寄せたのだが、『魂の一時』だけ注文方法を間違えてしまい、船便で届けてもらうということになってしまっていた。ふつうは国際宅急便を使う方法で注文するので、注文後二、三週間で届く。ところが、その本だけがいつまでたっても届かない。そこで注文したときの記録を調べてわかったのである。船便だから、きっと時間がかかるだろう。いつ届くかわからないけれど、楽しみにしていた本がそのとき届いたのだ。

ところで「シンクロニシティー・ウォッチング」のCさんに電子メールでインタビューを申し込んだその日、彼女のところに某テレビ局から取材の問い合わせが来たというから不思議だ。どうやら偶然の一致は、偶然の一致を呼ぶようだ。

そして私がこの原稿を書いているとき、妻が林真理子さんのエッセイ集『嫌いじゃないの』(文藝春秋)を読んでいた。妻は彼女の大ファンなのである。彼女の本に妻は幾度となく励まされたという。また林さんの感性と、妻の感性とがとても似ているのだという(林さんには申し訳ないが……)。それで、なにかというと林さんの百冊以上もある著書のどれかを読んでいるのである。私がある休日の昼食時、前に書いた「本の制作実習にまつわる『偶然の一致」の話を何気なく妻にしたところ、『嫌いじゃないの』におさめられている「『偶然」にも」というエッセイにおもしろいことが書いてあるという。

軽いタッチで書いてあるので気軽に読んでいると気がつかないかもしれないが、よく読んでみるとたいへんな偶然の一致である。林さんはそのときある女性週刊誌に昭和初期の女性の物語を連載していた。そして、次の年の春からはまた別の女性の生涯を小説に書く計画で、精力的に資料を読んでいた。そして取材のため博多に行った。そこであるお宅を訪ねた。するとそのお宅で取材中、ふたりのお嬢さんが林さんの前に現れた。

それはA子さんとB子さん。近くの名門女子校に通う中学二年生のお嬢さんたちだ。A子さんは林さんが次の春から書く小説の主人公のひ孫にあたるのだから、そのお宅に現れても不思議ではないかもしれない。しかしB子さんがいっしょに現れたというのだから、林さんは息も止まるくらいにびっくりしたという。なぜならB子さんは、そのとき林さんが週刊誌に連載していた女性の物語に登場する重要人物のひ孫さんだったからだ。しかもA子さんとB子さんは同級生で、いつも顔を見合ってはくっくと笑い合うくらいの大親友だったのである。

このエッセイにはこの他、二、三の偶然の一致が紹介されているが、どうやら林さんのまわりにはそういうことが無数にあるらしい。偶然の一致とはすこし違うかもしれないが、たとえばこんな話もあったという。数年前林さんが直木賞の発表を待っていたとき、事務所に大勢の報道陣が押しかけてきたので、近くの〝雀荘《じゃんそう》〟へ避難していた。そこで麻雀をやっていると、過去十年一度もできなかったような見事な上がり方が、なんと五回も連続してできたというのだ。これには本人はおろか、いっしょに麻雀をしていた編集者たちも恐ろしくなったという。

●偶然の一致とはいえない出来事

ところで、ちょっとした共時的な出来事があっても、冷静に考えると偶然の一致でもなんでもないことがあるので注意が必要だ。たとえば高校のクラス四十人ほどのなかに、同じ誕生日の人がふたりいたからといって、それが意味ある偶然の一致といえるわけではない。そのふたりが男子と女子で、なにかのきっかけでお互いの誕生日が同じことを知り、それが出発点となって何年かあとに結婚して幸せになったというのなら、意味のある偶然の一致といえるかもしれない。

しかし、単純に同じクラスのなかに同じ誕生日の人がいたからといって、偶然の一致と思ってはいけない。これはふつうに起こることなのだ。先に紹介したホームページ「シンクロニシティー・ウォッチング」にも書かれているが、それは確率の計算をしてみればすぐにわかる。この問題を数学の授業でやったことがあるという人も多いだろう。

一年は三六五日だから、誕生日が同じ人は三百六十五人にひとりしかいない。だから四十人のクラスで同じ誕生日の人がいるというのは、たいへんな偶然の一致と思うかもしれ

同じクラスに同じ誕生日の人がいる確率の計算法

①まず、同じ誕生日の人がいない確率を考える。
１番目の人（A君）。誕生日はいつでもいいので、365/365。

２番目の人（B君）。１番目の人の誕生日を除くので、364/365。

以下同様に50番目の人は、316/365となる。

②次に、１番目から50番目の人までが順次同じ誕生日でない確率を考える。
１番目はA君ひとりしかいないから、365/365。

A君とB君の誕生日が違う確率は、365/365×364/365。

A君とB君とC君の誕生日が違う確率は、365/365×364/365×363/365。

同様に50番目まで計算すると、365/365×364/365×363/365×……×316/365となる。

③次に、同じ誕生日の人のいる確率を求める。
②で求めた確率を１から引いていく。それをグラフに書くと下図のようになる。

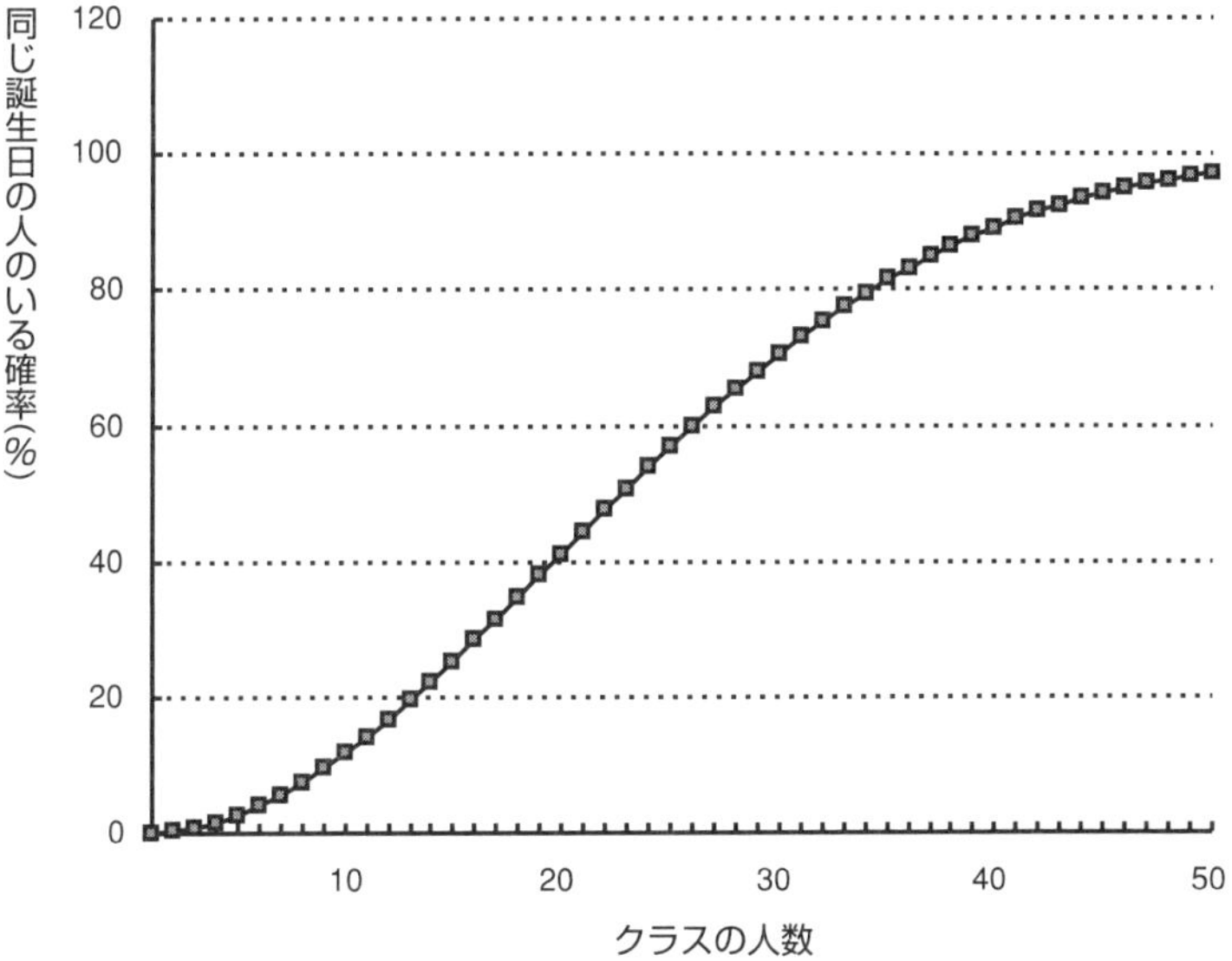

ない。しかし、そうではないのだ。実際に計算すると、八十九パーセントの確率で同じ誕生日の人がいることになるのだ。五十人のクラスになると、この確率はなんと九十七パーセントになる。つまり、五十人のクラスではほぼ確実に同じ誕生日のペアが一組以上いるということなのだ。ちなみに、その計算法は図に示すとおりである。

同じクラスのふたりの誕生日が同じだと、たいへんな偶然の一致と思うかもしれないが、四十人も五十人もいるクラスでは、同じ誕生日の人がいない方が不思議なのだ。このように一見して偶然の一致のように感じられる出来事でも、数学的にそのようなことが起こる確率が計算でき、その計算結果がけっして小さくなければ、その出来事は偶然の一致ではないことになる。

それでは前に紹介してきたいくつかの出来事について、それらが起こる確率が計算できるのだろうか。おそらく計算できないものがほとんどだろうが、あるものについては計算できる可能性がある。たとえば「シンクロニシティー・ウォッチング」に掲載されているA君の体験だろう。

同じ日に同じ病院で生まれたふたりが同じ高校に入って、同じ野球部の応援団に入るというのは、いくつかの仮定をすれば、確率の計算ができる。その病院に通える地域に一年間に何人の赤ん坊が生まれ、同じ地域に病院がいくつあって、通学可能な高校が何校あり、高校ではクラブがだいたいいくつあるかを仮定すればいい。数学の得意な人は計算してみてほしい。答えはそれほど小さな数ではないかもしれない。

しかし次にあげる例は、確率が簡単に計算できるが、計算の結果得られる確率はきわめて低い。ふたたび『魂の一時』に載っている話を紹介しよう。

●母親の誕生日が同じ確率

ジョー・ビートンという名前の女性は二、三ヵ月前に出会ったフィルという名前の男性に一目惚れをしてしまった。十二歳年上であるが、趣味も好きなものもまったくいっしょだったのだ。ところが、フィルはもの書きで、なによりも原稿を書くことを優先するので、結婚するのにはためらいがあった。彼の方もまたそれを気にしていたので、ふたりの恋愛感情とは裏腹に、お互い別れた方がいいのではないかと思うようになってしまった。

ある日、ふたりはあるレストランで夕食をともにした。彼女はたぶんそれが彼との最後の夕食になると思っていた。そのレストランはガーリックを自由に食べられることでちょっと知られた店だった。テーブルについたふたりは料理を注文したが、話題が自然にガーリックのことになった。そして同時にある俗説を思い出したのである。それは、「ガーリックは十人の母親と同じくらいよい」というものだ。ガーリックはそれほど体によいということなのだろうが、そのことで話題はそれぞれの母親のことに移った。

彼の母親は五十九歳だった。ところが会話をすすめるうち、ふたりはほんとうに不思議な偶然の一致に遭遇した。なんとふたりの母親の誕生日がまったく同じ一九三二年二月二十八日だったのだ。それを知ったとき、彼女は心のつかえや彼に対する自分のよくない感情が不思議と解けていくのを感じたという。そして彼こそ運命の人だと感じたのだ。ふたりは結婚し、六年後かわいい男の子をさずかった。まったく同じ日に生まれたふたりの母親が、彼らを結びつけたのである。

彼女はその運命の日のあと、ちょっとした計算をしてみた。一方の母親が十七歳で子供を産み、もう一方の母親が四十二歳で子供を産んだとしてみよう。若くして子供を産む場合と、高齢で生む場合の妥当な年齢をとってみたというわけだ。その差は二十五年である。そこにふたりの年齢差、十二年を加えると三十七年となる。そこで彼女は、ふたりの母親の年齢差は最大三十七歳ぐらいあってもおかしくはないと考えたのである。

一年は三六五日だから、三十七年のあいだには一万三千五百五日ある。ふたりの母親の誕生日として可能性のある日数は一万三千五百五日あるということだ。しかしながら、それだけある日数のなかからふたりともまったく同じ日に生まれてきた。そんなことがふたりの母親に起こっていたというのはたいへん大きな意味があると、彼女は考えたのである。

もうすこし数学的に検討してみよう。一方の母親が特定の誕生日を選ぶ確率は一万三千五百五分の一である。そしてさらにもう一方の母親が同じ日を誕生日として選ぶ確率も一万三千五百五分の一だから、ふたりとも同じ誕生日となるのは一万三千五百五の二乗分の

一、つまり、約一億八千万分の一の確率になる。
そこで、この話をもっと一般的に考えてみることにしよう。夫婦の年齢差を平均三年とするのだ。そうすると、両方の母親がまったく同じ誕生年月日になる確率は、約一億分の一になる。世界の人口が約六十億人だから、世界に二十億の夫婦またはカップルがいると仮定すれば、二十組の夫婦についてふたりの母親の誕生年月日が同じことになる。そう考えると、ビートン夫妻のような例はまれではあるが、奇跡的なことともいえないかもしれない。

しかしながら偶然の一致が起こる確率を計算することは、非常に困難な場合が多い。たとえ計算できたとしても、計算した結果は限りなくゼロに近い数になってしまう。それが偶然の一致の特徴だ。

たとえばここに一台のコンピュータがあったとする。そのなかには集積回路をはじめさまざまな部品が多数組み込まれている。あるとき分解マニアがやってきて、そのコンピュータを徹底的に分解し、ほとんどすべての部品をバラバラにしてしまった。それをまったくの素人が元どおりのコンピュータに組み立てることのできる確率が計算できるだろうか。無理に計算したとしても、その結果得られる数字はほとんどゼロで、これは自然にはまず起こらないことを表すものだ。

しかし、次に紹介する有名は事例は、それでも自然に起こってしまった偶然の一致である。

●海難事故から救出された同姓同名の三人

それは恐ろしいくらい奇妙なものだ。そのあまりの奇妙さゆえに世界的に知られている三つの事例。まず初めは少々古い話で、一六六四年十二月五日のこと。イギリスのウェールズ沖メナイ海峡を航行していた船が沈没した。その船には八十一人の乗客が乗っていた。ところが彼らのなかで、たったひとり救出された男がいた。その男の名は、ヒュー・ウイリアムズ。

一七八五年十二月五日、六十人の乗客を乗せた船が航海中に沈没した。しかし、そこにもたったひとり救出された男がいた。その男の名前は、ヒュー・ウイリアムズ。そして、今度は一八六〇年十二月五日。二十五人の乗客を乗せた船が航海中に沈没した。そう、そこにもたったひとり救出された男がいて、その名前がヒュー・ウイリアムズだったのだ。その名前のアルファベットは一字たりとも違わない。なんたる偶然の一致であろう。

次はあまりにも有名なタイタニック号の沈没事件だ。モーガン・ロバートソンという作家の書いた小説が一八九八年に出版された。それはタイタンという名前の豪華客船が、大西洋の処女航海中に氷山とぶつかり、沈没するという物語だった。ところが一九一二年四月、タイタニック号という名前の豪華客船が処女航海に出て、この物語とまったく同じように氷山にぶつかり沈没した。恐ろしくなるような偶然の一致である。まるでモーガンが十四年後に起こる史上空前の悲劇を予言したかのようだ。世界的なヒットとなった映画『タイタニック』のなかでは、その沈没の悲劇が生々しく描かれている。

次に、ノルマンディー上陸作戦にまつわる逸話がある。第二次世界大戦終結のきっかけとなったその上陸作戦には、UTAH、MULBERRY、NEPTUNE、OVERLOADなどの暗号がつけられていた。しかし、作戦実行の一月前のある日、新聞に載ったクロスワードパズルを解くと、それらの暗号がいくつも浮かび上がってきたのである。軍の参謀たちはただちに調査したが、そのクロスワードパズルをつくったドーという人がどうしてそれらの暗号が答えとなるように問題をつくったのか、まったく見当がつかなかったという。これら三つの出来事は、きわめつきの偶然の一致といえるだろう。

●古代の人たちは偶然の一致をどのように考えていたのか

さて、いままで延々と実際に起こった偶然の一致について紹介してきた。しかしこれらはほんのわずか数例にすぎない。地球上に暮らす私たち人間のうえには、おそらく数え切れないほど多くの偶然の一致が起こっているであろう。それは日常のほんとうに些細なことから、歴史に残るような大事件にいたるまでその規模はさまざまであるが、頻繁に起こっているのだ。しかも、おそらくは青銅器時代以前のはるか昔から現在にいたるまで連綿と……。なぜだろうか。なぜ私たち人間にはそのようなことが起こるのだろう。残念ながら私たちはこの問いに答えることができない。しかし、この謎を究明しようとした人たちは過去に少なからずいた。

シンクロニシティーを深く掘りさげて研究しているシカゴ大学東洋研究所のフランク・ジョセフ氏の最新著『シンクロニシティー』（邦訳、KKベストセラーズ）によると、イタリア中西部に住んでいた古代民族エトルリア人は、おそらく、偶然の一致は人間が自然と同調することによって起こると考えていたのではないかという。エトルリア人といえば古代の超先進国家を築いた民族として知られている。のちの時代になってローマ帝国に吸収されてしまったが、自然科学や芸術、哲学に非常にすぐれた才能を示した民族である。そんな彼らは、森羅万象のすべてが互いに干渉し合っていると考えていた。したがって偶然の一致は、人間と自然が同調して起こると考えていたらしい。

同じように古代ギリシャの哲学者ヘラクレイトスは、森羅万象のすべてが変化のなかで反応し合い、互いに干渉し合うことによってさまざまな現象が起こると考えていた。それは自然を構成するすべての要素が見えない糸でつながったような構造をしているからであるとした。そしてその構造はある意図のもとにつくられたものだとし、それを「ロゴ」と呼んだ。この概念をのちの時代に人間と神との関係にあてはめたのが、アレキサンドリアのフィロンである。彼はイエス・キリストと同時代に生きていた人である。そしてフィロンは、偶然の一致は神がみずからの摂理を超えたところで起こす特定の現象と考えたのである。

●現代の科学理論で偶然の一致の謎にせまる

しかしこのような考え方は科学的な思考になれた現代人にはあまりに単純すぎて、そう簡単には受け入れられないかもしれない。そこで近代や現代の研究者たちはこの偶然の一致がどのようにして起こると考えていたのか調べてみよう。

オーストリアにパウル・カマラーという生物学者がいた。彼は十九世紀の終わりから二十世紀の初めにかけて、精力的に多くの実例を集め、この問題を追究した。そして彼はこう結論づけた。自然にはたとえばモザイク模様のようなある種の調和、あるいはパターンが隠されていて、それが私たちには認識できない系列をなしている。その系列に沿って同じような出来事が再現されるため、偶然の一致が起きるのだと……。相対性理論で有名なあのアルバート・アインシュタインや、世界的に知られるサイエンス・ライター、アーサー・ケストラーはこの説を非常に好意的に評価した。

カマラーは偶然の一致の本質を宇宙のなかに隠されたパターンに求めたが、それを人間の心の内部との関係に求めたのがユングである。そして偶然の一致といえば、まずユングというほど、彼の理論は私たちに大きな影響を与えている。前にも述べたが、彼は「シンクロニシティー」という言葉をつくり出した人である。それではそのシンクロニシティーの大御所は、偶然の一致がどのようにして起こると考えていたのであろう。

ユングは、人間の心の奥深くに、すべての人に通じる無意識の領域があると考えた。そして、さらにその奥には自然界につながる心の領域があるとした。その領域のことを彼は「類心的領域」と呼んだ。要するに人間の心という内部世界は、類心的領域を通して自然界という客観的な外部世界につながっていると考えたわけだ。したがって、私たちの無意識層がなんらかの理由で活発に動き出したとき、私たちの無意識の念が自然界に影響を与え、共時的な出来事が起こる。ユングはそう考えたのだ。

また一方で、ユングはシンクロニシティーのことを「非因果的連関の原理」と呼んでいた。つまり、私たちが通常理解できる因果関係を超えたところで起こるふたつの出来事がつながっているように見える現象が、シンクロニシティーであると考えたわけだ。そしてユングの考え方のもうひとつ重要な点は、これらふたつの出来事に「意味」を導入したことである。一見なんの関係もないふたつの偶然の出来事が、それを体験する人にとってはなんらかの意味があるように感じられるということだ。逆にいえば、なんらかの意味が感じられないものは、シンクロニシティーとはいえないことになる。

イギリスの物理学者で、劇作家、放送作家としても活躍しているデヴィッド・ピート博士は、先に述べたカマラーの考え方、「系列」をさらに発展させた。彼はこの宇宙には隠された抽象的なパターンがあって、それが私たちの世界に非因果的な影響を与えるために意味のある偶然の一致が起こると考えた。そしてその抽象的なパターンは、「パウリの排他律」に示されるような宇宙の原理ではないかというのだ。

少々むずかしいので解説しよう。「パウリの排他律」というのは、有名な物理学者ヴォルフガング・パウリが発見した原理のことである。自然界に存在する物質はさまざまな原子で構成されている。その原子のなかには電子が含まれている。ところがその電子のひとつが量子的にある特定の状態をとると、他の電子はその状態をとることができないのである。この原理によって、すべての原子の電子配置が説明でき、私たちが高校の化学で習う元素周期律表がなぜそのような形になるかを説明できるのだ。つまり、そういう抽象的なパターンが私たちの認識できないところに隠されていて、それが意味ある偶然の一致を呼び起こしているのだと、ピート博士はいうのである。

ちなみにパウリは十八歳のときミュンヘン大学に入って、物理学に対する並々ならぬ才能を認められた。二十一歳で相対性理論に対する評論を一冊の本にまとめて発表したとき、アインシュタインは驚きとともにたいへんな称賛の言葉を彼に与えた。たしかにその称賛は間違ってはいなかった。四十五歳のとき、彼は「排他律」の発見によってノーベル物理学賞を受賞したのである。しかしながら彼は、悲惨な結婚の果てに大酒のみとなって、精神病寸前のところまでいってしまった。そしてユングの患者になったのだが、五十八歳でその生涯を閉じたのである。

●「シェルドレイクの仮説」で偶然の一致を解く

アメリカにあるオレゴン大学の心理学者キャロライン・コイツァー博士が、一九八三年におもしろい考え方を発表した。ユングは偶然の一致にはなんらかの「意味」がともなっていると考えたが、コイツァー博士はその「意味」を「シェルドレイクの仮説」で説明したのだ。といっても、シェルドレイクの仮説などというものを聞いたことがないという人のために、簡単に説明しておこう。この説はイギリスの生化学者ルパート・シェルドレイク博士が、一九八一年に発表したものである。正式には「形成的因果作用の仮説」という。

その内容を簡単にいえば、この世界に存在するあらゆるものは非エネルギー的な「形の場」をつくっており、過去に存在した同じものの「形の場」から「形の共鳴」とでもいうべききわめて強烈な作用を受けるというものである。しかしその作用には、エネルギー伝達はいっさいともなわない。

たとえばここにキリンがいるとしよう。キリンの首がなぜ長いかといえば、そういう遺伝子を代々受け継いできたからである。しかしシェルドレイクの仮説にしたがえば、理由はそれだけではない。過去にいたキリンの首が長かったことによって、首の長い動物という「形の場」ができていて、いま生まれてきているキリンはその「形の場」に共鳴しているから、首の長い動物として存在しているのである。

その共鳴作用は非常に強い。したがって自然界に存在するものはすべて、過去の同じものからの共鳴作用を受けて、過去と同じ形のものとしてこの世に存在するのである。ここからさまざまな現象が説明できる。とくによい例は、「二度あることは三度ある」と昔からいわれている現象である。一度起こったことは、それ自体が「形の場」をつくるから、そこからの「形の共鳴」作用で同じことがふたたび起こるのだ。くわしくは拙著『なぜそれは起こるのか』と『こうして未来は形成される』(ともにサンマーク出版)に書いたので、興味のある方はお読みいただきたい。

さて、この仮説でコイツァー博士はどのように偶然の一致の意味を説明したのか。彼女は、なんの関係もないふたつの出来事のあいだに意味が感じられたようなことが過去に何度も何度も起こってきたので、それが「形の場」をつくっているという。つまり偶然の一致になんらかの意味が感じられるという「形の場」だ。いささか抽象的に聞こえるかもしれないが、「形の場」はなにも生きものや物質だけがもつものではない。心とか、行動、あるいは出来事に対する感じ方といったものでさえ、「形の場」は生じる。

人々が過去に意味を感じてきた偶然の一致に関する「形の場」の影響で、いま起きるなんの関係もないふたつの出来事のあいだにも、人々は強い意味を感じるのだ。これが「形の共鳴」作用である。コイツァー博士はこのように考えたのだ。

●偶然の一致は「偉大なる知性」からの働きかけで起こる?

偶然の一致をこのように科学的方面から追究する流れのほかに、もうひとつ特筆すべき考え方がある。それは、この宇宙や自然には「偉大なる知性」とでも呼べる存在があって、そこからの働きかけで偶然の一致が起こるという考え方だ。

今世紀初頭に活躍したフランスの哲学者ピエール・ティヤール・ド・シャルダンは、自然界は「バイオスファイア」と「メンタルスファイア」のふたつから成り立っていて、それらがお互いに恩恵をもたらし合いながら存在していると考えた。「バイオスファイア」とは生物圏という意味で、生命を成り立たせている物質系ともいえるものだ。一方、「メンタルスファイア」とは精神圏という意味だが、心あるいは意識の系といいかえることができるだろう。心あるいは意識の系を、この宇宙に存在するなにか偉大なる知性と考えることもできる。そして、生物圏と精神圏が互いに恩恵をもたらし合いながら存在しているということは、偉大なる知性が物質系の身体をもつ私たちの存在によい影響を及ぼしていると考えることもできる。事実シャルダンは「コスモジジェネシス」という言葉で、偉大なる知性と人間との関わりを説明しようとしたのである。

先に述べたフランク・ジョセフ氏は力説する。表面的には偶然としか思えない出来事の裏側では、偉大なる知性、あるいはメンタルスフィアと呼ばれる「スーパー・コンシャスネス(超意識)」が働いている。そしてその働きかけの結果起こることが、偶然の一致、つまりシンクロニシティーなのだと。

偉大なる知性と呼ばれるものがいったいどういうものなのか、私たちにはわからない。しかし、私たち人間はその存在を認知することができる。偶然の一致が起こったとき、私たちはその存在をよりいっそう強く認知するのだ。

●「偉大なる知性」に出会った人の話

ジョセフ氏はこんな例をあげて偉大なる知性について説明する。カトリック教会の牧師の息子として生まれたデニス・ライト氏の体験である。彼は画家になりたくて美術系の大学に通っていた。しかし彼の両親は、彼に牧師になってほしかった。そしてとうとう大学三年生のとき、このまま絵を勉強するなら学費はいっさい出さないと親からいい渡されてしまった。そのため彼は相当悩んだ。

カトリックでは、いくら祈りをささげてもそれが神に聞き入れられない状態を「魂の暗き夜」というそうだ。彼のそのときの状態はまさに「魂の暗き夜」であった。自分は絵の道に進みたいのだが、それでほんとうにいいのだろうか。そう神にいくら祈り問うてみても、いっこうにお諭《さと》しらしきものはなかったのである。

それで彼はある日、最後の決心をした。いままで何千回も神に祈ったがなんのお導きも示してもらえなかった。今回もまたなんのお導きもいただけないのなら、今後いっさい神の存在は信じないことにしよう。そうかたく心に決めて、彼は小さな公園の片隅にあるベンチに腰かけて祈ったのである。「あなたが存在する証拠をいますぐ見せて下さい。目で見て、手で触れられるような証拠をすぐに示して下さい……」と。

その祈りが終わったとたん、公園で遊んでいたひとりの女の子が近寄ってきた。そして彼に向かって「これ見て」と手を差し出すのだった。なんとその手のなかには、プラスチック製の小さな十字架があったのである。あまりのことに彼は大声で笑い出した。その笑い声に驚いた見ず知らずの女の子は、十字架を握ったまま走っていってしまった。彼は幼い頃から十字架や聖母マリアというようなキリスト教的なシンボルに囲まれて育った。そのシンボルのひとつが彼の目の前に突如として出現したのだ。これは偶然の一致などという言葉ではすまされない出来事である。

この例では、偉大なる知性は神ということになるが、哲学者シャルダンの考えにしたがえば、精神圏に存在する何ものかが、生物圏に住むライトという画家志望の青年に働きかけた結果起こった出来事といえよう。この出来事で、この青年の人生ははっきりと方向づけられた。彼は画家の道を進むことにしたのである。彼は少女の示した小さな十字架を、神からのメッセージとしてとらえた。画家になれという素晴らしいメッセージとして――。それは彼のきわめて個人的な問題ではあるが、非常に重大な意味をもつ偶然の一致だったのだ。

●五十歳の誕生日に行ったナスカ平原の五十本の直線

フランク・ジョセフ氏は続けて、もうひとつの偶然の一致を紹介している。アメリカに住むフィリップ・ヴァンダーデッケン氏の体験である。彼は株式ディーラーとして働いているが、それに満足しているわけではなかった。五十にもなるというのに、しっかりとした家庭をもてないでいる。結婚を前提として女性と親しくはなるが、どういうわけかいつも結婚にまでいたらない。彼は人生半ばで疲れ果ててしまっていた。

そんな彼が南米ペルーで観測される皆既《かいき》日食を見にいこうと思い立った。自分の誕生日と皆既日食の日が重なることを知ったからだ。皆既日食を見ると、もしかすると五十歳という人生の節目にふさわしい祝い方ができるかもしれないと思ったのである。一九九四年十一月のことであった。

しかし、ペルーに着いた彼を待っていたものは、過去の人生に対する悔恨の嵐だった。ホテルを出て街をぶらつき、それでも歩みを止めなかった彼がたどり着いたのは、荒涼とした風景に囲まれた小さな山の頂だった。そのゴツゴツとした岩に腰かけると、過去の失敗やのがしたチャンスのことが数限りなく思い出された。そして底の知れない絶望感につつまれていくのだった。そんな彼の目に肩を小刻みにふるわせ泣いている人の姿がうつった。それは葬儀に参列するためにやってきた男性だった。やがて喪服を着た人たちがそこに集まりはじめた。フィリップはまるで自分自身の葬儀を見ているのではないかという錯覚におちいった。そのときだった。まるでそよ風に心をやさしくなでられるような感覚があった。するとなぜか「日食は素晴らしい体験になる」という確信めいたものが生じたのだ。

翌朝六時、ガイドにたたき起こされた彼は車で日食を見る場所まで走った。そこは彼があらかじめ「ここで見よう」と決めていた場所だ。高さ六メートル、長さ百メートルの大きな岩のうえだった。やがて日食が始まり、太陽は月によって完全に隠された。彼は目を閉じて祈った。ふたたび太陽が姿を現してくれますように！

そこには何人もの人がいた。その人たちは歓喜の声をあげていた。彼らは肩をたたき合い、抱き合って喜んでいた。太陽がふたたび輝きを取りもどしはじめたのだ。と同時に、東の空の無数の星々がきらめき始めた。それは非常に珍しい現象であった。なんという美しい光景を彼らは見たことだろう。私も一度くらいそんな光景を見てみたいものだ。

フィリップはあとになって、この体験が非常に重大な意味をもつ偶然の一致であることを知った。ホテルにもどった彼はナスカの地上絵に関する本を読んでいた。日食を見る場所として選んだところがナスカの地上絵の南端にあたることを知っていたからだ。しばらくその本を読みふけっていた彼は、一瞬愕然とした。今朝日食を見た場所の岩の写真が載っていたからだ。その説明文によると、その岩を中心にして五十本の完全な直線が放射状に延びているという。彼は五十歳の誕生日に、五十本の直線が延びるその場所で日食を見たのだ。

五十本の直線が集まるその場所には、五十本の直線のなんらかのエネルギーが集まっているのだろうか。そのエネルギーが、彼に失意のどん底から立ち直らせる啓示を与えたのだろうか。全身総毛立つようなこの体験は彼を立ち直らせた。彼にしてみれば、それはなにか偉大なる存在がみずから彼に彼自身の存在価値を知らせてくれた出来事に違いなかった。実際に、それからの彼は自信に満ちあふれ、いつも笑顔を絶やさない人間に変身してしまったのである。

●フランク・ジョセフ氏の貴重な研究

このフィリップ・ヴァンダーデッケン氏の体験談と、その前に述べたデニス・ライト氏の十字架に関する体験談は、いずれもフランク・ジョセフ氏の『シンクロニシティー』にくわしく書かれているので興味のある方はお読みいただきたい。これは、ジョセフ氏がいままでに八百人以上の人から取材した話をもとに、偶然の一致についての現象を分類・研究した成果が盛り込まれている非常にすぐれた本である。偶然の一致こそひとりの人間と森羅万象のすべてが連動している証《あかし》であると主張するこの本を何度も読んで、私はかなり人生観が変わったような気がする。

彼は集めた膨大な数の偶然の一致を、いくつかに分類した。それは偶然の一致が、なにに関して、またどういう形で起こるのかについての分類である。その主なものを箇条書きにすると次のようになる。

- 物品や数字について起こるもの
- なにかを意味する前兆として起こるもの
- 予言性をもって起こるもの
- 同じ時間に同じ夢を見るというもの
- 思考が別の人に伝わる形で起こるもの
- 明らかに警告を発していると思えるように起こるもの
- 自分のなすべきことを教えられる形で起こるもの
- 他の人とまったく同じ人生を歩むというもの（パラレル・ライフ）
- 文学作品に書かれたことが実際に起こるというもの
- 生まれ変わり現象として起こるもの
- 神の啓示のように現れ、人生に変容をもたらすもの

ジョセフ氏の研究の特徴は、徹底した実証主義に基づいているという点にある。また、

収集した出来事の意味が深く考えられているのもその特徴だ。それは彼の強烈な偶然の一致の体験に裏打ちされているものということができるだろう。彼の体験は、かなりすごい。なかでもきわめつきは、彼のパラレル・ライフ体験であろう。

●世にも不思議なパラレル・ライフ

パラレル・ライフというのは、まったく違うふたりの人間がまったく同じような人生を歩むという現象である。有名な例はふたりのアメリカ大統領、アブラハム・リンカーンとジョン・F・ケネディのパラレル・ライフである。百年をへだてて、リンカーンとケネディは同じように暗殺の凶弾に倒れた。ふたりとも、金曜日、夫人と同伴時に暗殺されている。後継者となった副大統領はともにジョンソンだった。しかもふたりのジョンソンの生まれた年には百年の開きがあった。リンカーンが初めて合衆国の下院議員に選ばれたのは一八四六年。ケネディが初めて下院議員に選出されたのは、ちょうど百年後の一九四六年である。リンカーンは一八六〇年に大統領に選出され、やはり百年後の一九六〇年にケネディは大統領に選ばれた。このような奇妙な共通点を数え上げると、なんと十七にものぼるという。

これと同じようなことが、ジョセフ氏自身にもあるというのだ。十九世紀のアメリカ人作家にイグナティウス・ドネリーという人がいた。彼は『アトランティス・太古の先進国家』という本を書いていた。彼の誕生日は十一月三日だった。ジョセフ氏の誕生日はまったく同じ十一月三日。やはりアトランティスに関する著書『アトランティスの崩壊』という本を書いている。ジョセフ氏は、生まれたとき母方の家族がイグナティウスという名前をつけたらいいといった。しかし幸か不幸か、母親の反対でフランクという名前になった。

ジョセフ氏は一九八八年の五月、初めてアイルランドを訪れた。そしてその年の誕生日に友達から名前入りの金のペンを贈られた。そのあとで読んだドネリーの伝記によると、彼もまた一八八八年の五月にアイルランドを訪れていて、その年の誕生日に自分の名前が刻まれた金のペンを贈られていた。ふたりの人生はぴったり百年の時をへだてて、平行しているのだ。

●美しい流れ星のように偶然の一致は現れる

そんな体験をしているジョセフ氏が到達した結論とはこういうものだ。私たちと深いつながりをもっている自然界や、神、創造主といった存在が無意識を通じて私たちに働きかけるから、偶然の一致が起こる。したがって、偶然の一致には必ずなんらかの意味がある。それは自分だけに宛てられた貴重なメッセージでもあるから、私たちはその意味を見いだして、今後の人生に参考にしなければならない——。

彼は語る。意味のある偶然の一致は、あたかも美しい流れ星のようなものだと。地球はオゾン層に囲まれているので、絶え間なく宇宙から降りそそいでいる宇宙線は地表にまで届かない。オゾン層がバリアになっているからだ。人間の無意識もこのオゾン層のようなものだ。絶え間なく降りそそぐ宇宙線のように頻繁に届けられるメッセージは無意識の層に遮断され、私たちは気づくことがない。しかし、いくら宇宙線が遮断されても、美しい流れ星がオゾン層に入ってきたら、人はそれに気づく。流れ星に大きな意味があるからだ。その流れ星はけっして偶然に降ってくるわけではない。はっきりとしたメッセージをもって、正確なタイミングで降ってくるのだ。

このように主張する彼にとってみれば、たとえばタイタニック号の遭難事件は、十数年前に創造主によって警告を発せられていたということになる。その物語を書いたモーガン・ロバートソンは気がついていなかったかもしれないが、創造主は一九一二年四月に起こる歴史上類を見ない悲惨な海難事故を事前に知り、それを私たちに知らせるため、ひとりの作家の筆を借りたのである。とすると、ロバートソンの書いたその物語を読んで、創造主のメッセージを無意識のうちに察知した多くの人たちが、タイタニック号に乗ることを控えていたのかもしれない。彼らはそれで難をのがれることができた……。もしこういう考え方が正しいとすると、いままで本書に紹介してきた数々の偶然の一致は、いったいどういう意味があったのか。興味の尽きないところである。

さて、ここまで読んでもうお気づきかもしれないが、偶然の一致あるいはシンクロニシティーという現象をとらえるのに、大きくふたつの方向があるようだ。ひとつは、私たちには認識できないなんらかのパターンが宇宙のなかに隠されていて、それが起こす現象が私たちに意味を感じさせるような偶然の一致となって現れるという考え方である。もうひとつは、宇宙には神や創造主、あるいは偉大なる知性とでも呼べる存在があって、それが私たちになんらかのメッセージを伝えるために起こす現象を、偶然の一致だととらえる考え方だ。さてどちらが正しいのであろう。

私たちにはまだ知られていない時空構造が宇宙に隠されているということは十分にあり得る。私たちの科学はまだまだ発展途上なので、その時空構造がわかるまでにはいたっていない。一方、神や創造主をいきなりもち出して説明しようとするのはやや短絡的かもしれない。意味ある偶然の一致を起こす未知の時空構造が、私たちにはまるで神や創造主のように感じられるということかもしれない。いずれにせよ、それが何であるかはわからないが、たしかに偉大なる何ものかが存在し、その存在ゆえに偶然の一致が起こるのではなかろうか。そして、そのような出来事にはなんらかの意味が隠されているのではないか。私はそう思うのである。次に述べる私の体験が、それをさらに強く感じさせるのだ。

●私に起こった偶然の一致(その2)——本書執筆の不思議

それは、本書を書くきっかけを私に与えていた。しかし私がそのことに気づいたのは、数ヵ月もあとのことだ。一昨年（一九九八年）六月、私のもとに一冊の本が送られてきた。ちょっと古くなった自宅の郵便受けからその小包を取り出すのに、少々時間がかかったのをおぼえている。郵便受けの差し入れ口に引っかかって、なかなか取れなかったのだ。ようやく取り出してみると、日本教文社という出版社からである。この出版社から出された本を何冊か読んだことがあるので、出版社の名前は知っていた。しかしその会社の編集者の方といままでおつきあいしたことは一度もなかったので、いったいなんだろうと思った。

包みを開けてみると、アーナ・A・ウィラー博士の書いた『惑星意識《プラネタリー・マインド》』という本であった。見開きにはさまっていたメモには、突然の献本ながら私に一読してもらいたいと書いてあった。もの書きの私にとって、これはたいへんうれしい話だ。ぱらぱらとページをめくってみると、少々むずかしい科学用語ながらも、私には親しみのあるいくつもの言葉が目に飛び込んできた。おもしろそうだなと直感し、じっくりと読んでみた。しかしなによりも気にかかったことは、その本の題名が英語で『*The Planetary Mind*』とつけられていたことだ。

私は一昨年四月、インターネットにホームページを開設した。主な目的は私の著作紹介と、詩とエッセイの発表である。私は十代の頃より詩が好きだった。それでいろいろと詩らしきものを書いていた。何度か詩誌に投稿したこともある。しかし一、二度選外佳作に選ばれただけで、日の目を見ることはなかった。しかしサイエンスライターとして本を何冊か出したあとも、詩への愛着は捨てきれず、下手の横好きで気の向くまま詩らしきものを書いていた。それをホームページに発表してみようと思ったのだ。

そこでにわかにホームページのつくり方を勉強し、なんとか自分のページを立ち上げることに成功した。そして、ホームページのタイトルを「Mind Planet」としたのだ。もう二十年も前に出版した詩集のタイトル『心的惑星圏』をわかりやすい英語にしたものだ。そして、ホームページのアドレスにもこの言葉を織り込んだ。

もうお気づきのように、私のもとに送られてきた『惑星意識《プラネタリー・マインド》』という本の原題が、なんと私のホームページのタイトルを逆にしたものだったのである。私はそのときまでウィラー博士のことはまったく知らなかったし、まして彼が『惑星意識《プラネタリー・マインド》』という本を書いていたことなど知るよしもなかった。ちょっとした偶然の一致である。しかし私はそのとき、この偶然の一致がもたらす意味に気づいていなかった。それよりも、その本に書かれていることが、先に述べた「シェルドレイクの仮説」とどう関係するのかということばかりが気になって仕方がなかった。

そこで、私はなんとかこの本の著者、アーナ・A・ウィラー博士にそのことをききたいと思った。そこで手を尽くしてみると、二ヵ月後にその願いがかなったのである。そして博士と電子メールをやりとりするうちに、この本を書いてみたくなったのだ。あとになって思ったのだが、日本教文社から本が送られてきても、その本の題名が私のホームページのタイトルと非常に似ていなかったら、私はウィラー博士と親しくはなれなかっただろう。

●北斎の絵を送ってほしいという依頼

ウィラー博士と連絡をとりあっているあいだに、非常に不思議な偶然の一致が起こった。彼と電子メールを交換しはじめてから約二ヵ月半ほどしたある日、彼は唐突に葛飾北斎の絵を送ってほしいと私にたのんできた。それは、目の見えない七人の賢人がゾウをなでていろいろと調べている様子を絵にしたものだという。むかし彼がスウェーデンのストックホルムにいたとき、研究室の壁にかかっていたものだそうだ。彼はいまアメリカに住んでいるが、好きだったその絵をスウェーデンからもってこられなかったのだろう。

ところが彼の依頼を引き受けてはみたものの、私にはその絵がどんなものなのかまったく見当がつかなかった。日本人よりも外国人の方が日本の文化にくわしいことがある。いままで仕事を通じて外国人とつきあうことも少なくなかったので、よくそんな場面に遭遇したことがある。今度もそうであった。私は北斎の絵についてはまったくの素人だ。むかし学校で習った「富嶽《ふがく》三十六景」くらいしか記憶にない。身近な人や友人に聞いても、そのような絵に心あたりはないと首をかしげるばかりであった。近くの図書館に行って北斎の画集を調べてみても、どうしても見つからなかった。

そうこうしているうち半月ほどが過ぎ、ある日仕事で東京駅の近くに行ったので、丸善という書店に寄ってみた。そして美術本のコーナーへ行ってみると、平凡社から出されている美術誌『太陽浮世絵シリーズ「北斎」一九七五夏』というのがあったので、手にとってページを開いてみた。すると多数載っている絵の一番最後に、もしかするとこれかもしれないと思えるものがあった。

しかし、よく見てみると、違う気もした。なぜかといえば、たしかに盲目と思える人たちが巨大なゾウの体をなでているのだが、七人ではなく、少なくとも十一人はいるからである。またもし、これがウィラー博士の捜している絵だとしても、白黒で印刷されており、しかも雑誌のなかに縮小してとじ込まれているから彼には送れない。私のなかでのイメージは、一枚の和紙にすすけたような色で印刷されている絵なのだ。

しかし、とりあえずその雑誌を購入して私は家に帰った。そして電子メールでこのいきさつを書いてウィラー博士に問い合わせた。それが一昨年の十一月二十一日のことだった。ところが彼からの返事は十日ほどなかった。いつもはすぐに返答の電子メールを送ってくれるのにどうしたのだろうと私は思った。しかし十一日後、彼はその絵をファックスで送ってくれれば、それが捜しているものかどうかわかるといってきた。また、感謝祭で、彼の家に三人の孫が遊びにきていてとても忙しく、返事が書けなかったのだという。

私はさっそくその絵をファックスで彼に送った。すると、二、三日後、まさにそれが彼の捜していた絵だという返事が返ってきた。そして、一枚の紙にカラーで印刷されている

『北斎漫画図録』(芸艸堂)より

ものを捜して送ってほしいという。ウィラー博士とのあいだで起こった不思議な偶然の一致というのは、このあと、まさにこの絵に関して起こったのである。

●まったく無関係のサイトから届いた電子メール

私はインターネットの動向を知るため、アメリカの『ウェブプロモート・ウイークリー』という週間メールマガジンを購読していた。イリノイ州にあるウェブプロモート社が無料で登録読者に配信している電子メールマガジンである。私がおもしろいと思ったのはインターネットに関連したエッセイ風の記事が読めることである。そこで、半年ほど前に読者登録をし、送られてくる電子メールの記事を気ままに読んでいた。

この『ウェブプロモート・ウイークリー』はだいたい毎週土曜日の深夜から日曜日の早朝にかけて発信されていた。そしてその不思議な記事の載ったこのメールマガジンは、十一月の二十二日日曜日の早朝六時過ぎに発信された。私が見つけた北斎の絵が、ウィラー博士の捜しているものなのかどうか問い合わせる電子メールを出した翌日のことだ。それはまるで、お孫さんたちに囲まれて忙しくしているウィラー博士に代わって、まさにその絵が捜しているものだと答えているようであった。

そのメールマガジンに載っていたエッセイの題名は「禅とインターネット」であった。書いた人はナリ・カナン氏。アメリカのコロラド・スプリングズでコンピュータソフトに関するベンチャー企業ゼロス・テクノロジーズ社を経営している社長さんである。彼の許可を得たので、その記事の前半部分を翻訳して紹介しよう。


六人の盲目の人がゾウとはどういうものか体験するために、その体をさわっている。

ゾウの足をさわっていたひとりがいった。

「ああ、ゾウって柱のようなものなんだ」

すると、しっぽをさわっていたひとりがいった。

「いやいや、ロープみたいなものさ」

次に、長い鼻をさわっていたひとりがいった。

「私は消火用のホースみたいなものだと思う」

すると、ゾウの牙《きば》がどれほどとがっているか調べていた人がいて、

「なんで？　とがった剣じゃないの」といった。

また、耳に触れていたひとりはいった。

「私は大きな旗みたいなものだと思う」

最後に、ゾウのお腹をさわっていた人がいった。

「とんでもない。みんな間違ってるよ。ゾウは巨大な壁なんだよ」

たしかに彼らにとって、各自が体験したものが真実のゾウの姿だった。そして彼ら

にとってのゾウという存在はそれ以外に考えられなかった。ではこの話はインターネットにどう関係しているのか。実はこれは、あなたがインターネットをどのようにとらえて商売するかに関係しているのだ。

電子メールをたくさん使うためにインターネットを利用する人にとっては、インターネットは電子メールそのものだ。数多くのホームページを利用する人にとっては、インターネットは世界中のホームページをわたり歩くものということになる。どこかのホームページのサイトに登録して、そこから電子メールを利用している人にとっては、インターネットはホームページを楽しむと同時に電子メールが使えるものでもある。また他の人たちにとってインターネットは、国際的なチャットルーム(コンピュータを回線につないでおいて、世界中の人たちとリアルタイムでおしゃべりをする部屋)だ。また、インターネットからニュースをとっている人にとっては、インターネットはニュースソースである。

つまり、インターネットで商売をする人には、ゾウをさわっている人たちと同じような問題があるのだ。インターネットには多くの局面や次元があるということである。したがってインターネットで商売をしようと思ったなら、あなたの売ろうとしているものはどういう局面やどの次元に一致させるべきなのか、よく戦略を立てておかなければならない……。(以下略)

なんと不思議なことが起こるのだろう。私がウィラー博士にファックスで送った北斎の絵の内容が、私もウィラー博士もまったく知らなかったナリ・カナンという人の書いた文章という形で、私のコンピュータに飛び込んできたのである。その記事を読んで、初めはピンと来なかった。おやおや、なにか変だぞというくらいしか感じなかった。しかし時がたつにつれ、私はその不思議さと意味深さを実感するようになった。

そのとき『ウェブプロモート・ウイークリー』はアメリカを中心に四十万人の人が購読していた。したがって、その記事は私だけのために書かれたものではないし、なかには北斎の絵のことを知っている人がいたかもしれない。しかし、なぜよりによって私がウィラー博士に問い合わせたそのときに、まさにその絵に描かれていることをたとえ話に使った記事が掲載されたのであろう。なぜ、ナリ・カナン氏はそれをたとえ話に使ったのだろう。そして数多くあるアメリカのメールマガジンのなかから、なぜ『ウェブプロモート・ウイークリー』を選んだのであろう。アメリカから発行されているこの手のメールマガジンを私はその一誌しか購読していないことなど知るよしもないというのに……。

私は以前何度も偶然の一致を体験しているが、こんなに不思議な偶然の一致を体験したのは初めてだ。それはまるでこの宇宙に存在するなにか偉大なるものが私とウィラー博士とナリ・カナン氏を結びつけ、私に本書を書くよう働きかけたのではないかとさえ思える出来事だったのである。

●その絵は私がよく知る湯島にあった

ともあれ、私はさっそくその絵を捜すことにした。まず神田の古本屋街にあるかもしれないと思い、浮世絵をあつかっている店を二軒ほど訪ねてみたが、見つからなかった。そこでふとインターネットで捜してみようと思いついた。「北斎」をキーワードにして検索してみたのだ。すると「芸艸堂《うんそうどう》」という変わった名前の出版社が検索の網に引っかかった。その出版社のホームページを見てみると、たしかに『北斎漫画図録』というものを出している。なんでも木版摺《もくはんずり》による和本を刊行している日本唯一の出版社だそうだ。

私はさっそく電話してみた。するとその絵はたしかにそこにあるというのだった。場所を訪ねてみると文京区湯島で、御茶ノ水駅の近くだ。二十数年前、私が三年間通った研究所からも近いところだ。私はさっそく出かけていって、その絵を手に入れた。芸艸堂の人はとても親切にその絵のことを説明してくれた。

問題の絵は、昔からいうところの「群盲、象を評す」とか「群盲、象をなでる」を漫画にしたものだという。盲人たちがゾウをなでて、自分のさわった部分からその姿をさまざまに想像したように、一部のことしかわからない者がいくら多く集まってみてもその全体像は十分に理解できないという意味である。この絵は北斎の漫画のなかの一枚で、和綴じの印刷物になっている。したがって絵からわかるように、二ページにわたたって描かれている。またおもしろいことに、芸艸堂ではむかし使われていた時代物の木版を所蔵しており、それをそのまま使って印刷しているという。その技術はもしかすると貴重な無形文化財かもしれないと私は思った。

ウィラー博士はこの絵をたいそう気に入り、彼が最近研究している意識の問題と関連づけて喜んでくれた。私たちの意識とか心というのはいったいなにかというと、いまの科学では諸説紛々《ふんぷん》、誰も正しい答えを出すことができない。多くの科学者や哲学者たちが意識や心を研究し、それぞれの立場でそれを定義している。それらはある面では正しいかもしれない。しかし全体的に見て彼らの主張が正しいかどうかはわからない。意識や心が巨大なゾウだとすれば、科学者や哲学者たちはさながら群盲である。

また偶然の一致がなぜ起こるのかについても同じようなことがいえよう。この宇宙には私たちの科学ではまだ解明されていない構造や原理があって、それがなんらかの現象を起こした結果が偶然の一致として現れるとすれば、未知の構造や原理は巨大なゾウにたとえることができる。また偉大なる知性とでも呼ぶべき存在が私たちになんらかのメッセージを伝えるために起こす現象が偶然の一致であるとすれば、その偉大なる何ものかをゾウにたとえることもできる。古代インドなどでは、ゾウはライオンや牛などとともに、力や偉大なる王を象徴する聖なる動物であった。非常に意味深いことではないか。

いずれにせよ、私たちは不思議な偶然の一致という現象を目の前にして、大きなゾウをなでながらその姿に想像をめぐらせる群盲に違いない。次に紹介する、代替医療の分野で有名なラリー・ドッシー博士もみずから体験した偶然の一致について、同じようなことを私に電子メールで伝えてきた。

●ラリー・ドッシー博士の読んだ本

ラリー・ドッシー博士は新しい概念をもちいて現代の心身医療を考えている。彼は『魂の再発見』や『癒しのことば』(以上邦訳、春秋社)など何冊かの本を書いており、一部の愛読家たちにはよく知られている。かくいう私も実は彼の本の愛読者である。その彼の名前を、私が先に述べた『魂の一時』を読んでいて発見したときはさすがに驚いた。それは私にとっての偶然の一致でもあった。ドッシー博士もその本に自分が体験した不思議な偶然の一致について書いていたのである。さて、それはどんな体験だったのか。

彼の書斎に何年ものあいだほこりをかぶって眠っていた本があった。相対性理論と量子力学を統合する数式を発見したことで世界的に有名な物理学者フリーマン・ダイソンの息子、ジョージ・ダイソン氏の冒険について書かれた本である。『スターとカヌー』(原題 *The Starship and the Canue*)と題するその本には、ジョージ・ダイソンがカヌーを使ってブリティッシュ・コロンビア沿岸を冒険したことが書かれていた。彼が使ったそのカヌーは太古の昔、北太平洋の土着民族が航海時に使ったバダルカスというカヌーを復元したものだという。

ドッシー博士はある日、ブリティッシュ・コロンビア沖にある島の会議場で講演してもらいたいという依頼を受けた。そこで、なにかの役に立つかもしれないと思って、彼はほこりをかぶったその本を取り出してもって出かけた。会場のあるその島へ行くにはフェリーを乗り継がなければならない。ちょっと時間もかかる。彼はその本を読み始めたが、内容がおもしろいので、島に着く頃にはほとんど読み終えてしまった。

講演会の主催者は、会場に着いた彼を磯辺の散歩に誘った。散歩に出た彼の目にうつったのは、磯辺に倒れかけた大きな木だった。そしてそのうしろに奇妙なカヌーが波にゆられて上下しているのが見えた。彼はそんな奇妙な形のカヌーをいままで見たことがなかった。突然、彼は茫然自失となった。それがジョージ・ダイソンのカヌーに違いないと直感したからだ。そう、たしかにそれはジョージ・ダイソンのカヌーだったのだ。しかもその場所は、ダイソンが冒険のあいだしばしばカヌーを停泊させていたところだという。

淡々とつづられたこの体験談を読んで、私は非常に興味をそそられた。彼はこの偶然の一致を体験して、どんなことを感じ、考えたのだろう。私はそれがたまらなく知りたくなった。と同時に、何年か前、彼の著書を読んで一度お会いしてみたいと思ったことを思い出した。ちょうどよい機会だ。なんとかドッシー博士にインタビューできないものか。私は本気で考えた。するとすぐにひとつの手が思い浮かんだのである。何日か前、日本教文社の編集者と本書の打ち合わせをした際、別れ際になぜか私はラリー・ドッシー博士のことを思い出して口にした。すると彼は博士と親しい人を知っているといった。そのとき、私はまだドッシー博士の体験談を読んではいなかった。『魂の一時』を読み始めてはいたが、彼の体験談が載っているなど思ってもみなかったのである。

そして私はラリー・ドッシー博士に電子メールでインタビューすることに成功した。私はふたつの質問をした。ひとつは、つい先ほどまで読んでいた本に書いてあったジョージ・ダイソンのカヌーを実際に目の前でみるという偶然の一致を体験して、どのように感じたか。もうひとつは、そのような偶然の一致がなぜ自分のうえに起こったと思うか、という質問である。

そして、彼の答えは示唆に富むものだった。私にはその答えがなにか美しい詩のように思えて仕方がなく、何度も味わいながら読み返した。

まず第一の質問に対する答え。

「私はそのカヌーを見たとき、茫然自失となって、目がくらんだ。そんなことが起こるなどとは、とても信じられなかった。ふつうの因果関係では説明できない独自の法則で働く力が、この世のなかにはあるのだと実感した。そしてその出来事から日がたつほど、私はそれが神聖で祝福されたものであったに違いないと思うようになっていった。それはまるで宇宙が私になにかを語りかけようとしていたに違いない。あるいはそこに隠されたなにかのパターンを私に見させていたに違いない。この世界には統計や確率の法則を無視して働くプロセスがあるのだ」

第二の質問に対する答え。

「なぜそれが私に起こったのかは、わからない。私はなにも特別な存在などではない。このような出来事は誰にでも起こることだ。そしてそれはふつうのことなのだ。私たちはあまりにも忙しすぎて、あるいは盲目でありすぎて、それに気づくことができないでいるのだ」

以上、私の体験をふくめ、偶然の一致やシンクロニシティーと呼ばれる現象を紹介した。また、それらがなぜ起こるのかについて、いままで科学者や哲学者がどのように考えてきたかを紹介した。それでは、「ウィラーの仮説」で解くと、偶然の一致の起こる理由はどこにあるのか。それを次章で説明しよう。

第四章●母なる地球をつつむもの、それは……

●地球という大きなひとつの生命圏

地球はひとつの生命体である、という説がある。もう三十年以上も前、イギリスの科学者ジェームズ・ラヴロック博士によって提唱された「ガイア仮説」である。地球環境の危機が叫ばれる現代、この仮説はさまざまな方面から注目を集めており、文化、芸術、またある種の社会運動にも大きな影響を与え始めている感が強い。

なかでもとりわけ印象的なのは、龍村仁《たつむらじん》氏によって製作された三部作の映画『地球交響曲(ガイア・シンフォニー)』である。地球は生きているひとつの生命体であるというこの仮説に基づいた二十一世紀型の映画ともいえるからだ。「地球の声がきこえますか」という呼びかけで始まるこの美しい作品は、一九九二年に「第一番」が発表されてから一九九七年夏までに全国各地二千ヵ所で自主上映され、百万人の人々がこれを観た。

前章で述べたフリーマン・ダイソン博士の息子ジョージ・ダイソン氏ゆかりの地、ブリティッシュ・コロンビア州のハンソン島がこの映画のなかに出てくるのが、私にとってはひとつの不思議である。また、この映画の象徴的な映像が私には不思議でならない。それはこの映画「第一番」のポスターにもなっている映像だ。そこでは、地球が宇宙空間に浮かんでいる絵を背景に、ゾウの親子が夕陽の草原を歩いている。実はその映像を私はインターネットのあるホームページで見つけ、あらためてゾウのもつ象徴的意味の不思議さを実感したのだ。

くわしくはあとで述べることとして、話を元にもどそう。ラヴロック博士は一九四一年イギリスのマンチェスター大学で化学を修めたあと、ロンドン大学で生物物理学の博士号を取得。さらに衛生学と熱帯医学の分野でも博士号を取ったという偉才である。しばらくハーバード大学やベイラー大学などで医学の教鞭をとっていたが、その後イギリス南部のある田園に居を構え、自由な研究生活に入った。また彼は環境科学に革命をもたらす分析装置を発明したことでも知られている。

いま環境ホルモンの問題が世間を騒がせている。環境ホルモンとは人工の化学物質で、ごく微量でも生体のなかに入り込むと、その内分泌系をかく乱してしまう恐ろしい物質のことだ。たとえばダイオキシンなどの環境ホルモンのせいで、自然界の生物がメス化しているという。オスの体内に入り込んだ微量の環境ホルモンが、女性ホルモンと同じような働きをするからである。もし自然界の生物がメスばかりになってしまうと、生物は子孫を残せないことになってしまうので、これはたいへんな問題なのだ。

ラヴロック博士が発明した環境分析装置（電子捕獲検出器）は、もう三十年以上も前にこの種の地球環境問題をあばき出すことになった。この検出器は地球環境を汚染している微量化学物質を高感度で検出する。それによって、南極にいるペンギンの体やエベレスト山に降る雪のなか、あるいはアメリカ人女性の母乳のなかにまで殺虫剤やＰＣＢ（ポリ塩化ビフェニル）などの化学物質が含まれていることがわかった。その意味で、彼の発明は人類にはかりしれない貢献をしているといえよう。

そんな彼がガイア仮説を思いついたのは、アメリカ航空宇宙局(NASA)のコンサルタントとして火星の生命探査計画に参画したのがきっかけだった。火星に生命が存在するかしないかを調べるには、どのような分析をすればよいのか。それを考えるのが彼の役目だった。彼は生命であふれかえっている地球のことを考えた。地球に生命が存在していることを示す物理化学的な指標はなにか。そしてそれを火星の生命探査に応用できないだろうか。そう考えたのだ。

たどり着いた結論は、火星の大気を調べるということだった。なぜなら地球の大気は生命がいなければあり得ないほど酸素やメタン、酸化窒素やアンモニアなどが多く、しかもそれらが常に一定に保たれていたからだ。慎重に計算してみると、その状態が自然に現れる確率は十の数十乗分の一というきわめて低い値だということがわかった。

それにもかかわらず、地球に生命が生まれてから約三十八億年のあいだ、地球の気候と環境の化学的特性は常に生命にとって最適に保たれてきた。それは地球自体がひとつの生命体をなしているからにちがいない。ラヴロック博士はそう考えた。

生命が、生命ではない物質と区別される特徴のひとつに「ホメオスタシス」というものがある。これは「恒常性《こうじょうせい》」ともいわれる性質で、体のなかで起こるさまざまな変化を常に一定に保とうとする機能である。たとえば私たちの体は、体温や血液中の糖分などを最小限の変化にとどめ、一定に保とうとする。生命にはそういう自動的な調節機能がそなわっている。ラヴロック博士は地球にもこのようなホメオスタシス機能がそなわっており、それはとりもなおさず地球全体がひとつの生命体にほかならないということではないかと考えたのだ。

そして彼と同じ村に住んでいた作家のウィリアム・ゴールディングが、その生命体を「ガイア」と名づけた。ガイアとはギリシャ神話の「大地の女神」のことである。ラヴロック博士はこのガイアを、「地球の生命圏(バイオスフィア)、大気圏、海洋、そして土壌を含んだひとつの複合体」と定義した。

この考え方にしたがえば、地球上のすべてのものは大きなひとつの生命体を構成するということになる。また、そのガイアという生命体を汚さないように、またみながお互い協力し合って生きていかなければならないのだという考え方を強くすることにもつながる。素晴らしいことだ。

しかし、ここにその「ガイア仮説」をさらに一歩発展させた人がいる。

●「ガイア仮説」をさらに一歩進めた「ウィラーの仮説」

それがアメリカに住むアーナ・A・ウィラー博士だ。彼は私たち地球の生命圏は、「プラネタリー・マインド・フィールド」につつまれていると主張する。「プラネタリー」とは「惑星の」という意味であり、「マインド」は「心」、「フィールド」は「場」のことだ。したがって直訳すれば「惑星心場《わくせいしんば》」となる。あとでくわしく述べるが、ここでいう「マインド」は、「情報」と「意識」が一体となったものである。

博士によれば、この場が私たちの地球生命圏にあまねく存在し、過去から現在にいたるまで人類を含むすべての生命に影響を与え続けてきたという。また、このことはこの惑星にすむすべての生命がこの場のなかに組み込まれた存在であることを意味する。

場というのは、私たちの目に見えない時空構造のことである。科学では、自然界に普遍的な四つの場があることが解明されている。重力場、電磁気場、強い核力場、弱い核力場の四つである。これらは目に見えないが、この宇宙の時空構造として存在している。それと同じように、どういうものであるかくわしくはわからないが、一種の時空構造として、「惑星心場」とでも呼べるような場があるとウィラー博士は主張する。

ラヴロック博士がとなえた「ガイア仮説」は、地球全体がひとつの恒常性を保つ生命体であるという考え方である。地球に存在する物質全体を見たときに、それがある平衡状態となっていることに着目したとらえ方だ。これに対し、ウィラー博士は、そのようなガイアが心とか意識といえるような一種の場をもっていると考える。端的にいえば、ガイアという生命体は「心」をもっているということだ。その「心」を彼は「惑星心場」と呼んでいるのだ。それは、ガイアをつつみ込む心的な場であり、地球の生物たちにはっきりとした物理的な影響を与えると考えられる場なのである。そしてウィラー博士は、この「惑星心場」は創造力をもち、地球上のあらゆる生命を出現させ、進化させているという。

この考え方は、かの有名なチャールズ・ダーウィンに始まる進化論者《ダーウィニスト》たちの考え方とはかなり違う。彼らはおおむね、生物の進化は、偶然による突然変異が生き残るのに有利だった場合、自然に選択されることによって起こる、と考える。これは一般に自然選択説といわれている。しかしウィラー博士は、それを全面否定はしないが、進化の原動力は「惑星心場」によって与えられていると考える。

したがって、この惑星で発生したすべての生物の進化は、「惑星心場」の誘導のもと、ある方向性をもって行われているというわけである。しかし、その誘導は自然界の物理的・化学的法則によるのだ。生命の体はさまざまな物質でできている。だから当然それらの物質界に遍在する物理的・化学的法則のもとに生命現象はいとなまれる。ところが「惑星心場」はそこに強力な場の偏向を与えて、生命現象をひとつの方向に向かうよう誘導していると考えるのである。

もしそうであるなら、さまざまな生物の遺伝子を解明すれば、「惑星心場」が遺伝子に書き込んだ命令がどういうものであるかがわかるかもしれない。ウィラー博士は、生物の遺伝子を解明すれば「惑星心場」が私たち生命をどういう方向に誘導しているかがわかるのではないかと考えている。

いま「ヒトゲノム計画」という大きなプロジェクトが、世界中の科学者たちの協力によって推し進められている。私たち人間の遺伝子をすべて解明しようという壮大な計画である。この方面の科学はいま目を見張るばかりに進歩しているので、人間の遺伝子暗号のすべてが解明されるのは時間の問題だろう。事実、最近の新聞報道（一九九九年十一月二十四日付読売新聞）によると、人の遺伝情報を商品にして事業を展開するアメリカのセレーラ・ジェノミクス社が、人の全遺伝情報の九十パーセントを解読したという。このデータの精度には問題があるのではないかとの見方もあるが、ヒトゲノム計画ではおそくても二〇〇三年までにはすべての遺伝情報が解明されるともいわれている。もし、ウィラー博士のいうように「惑星心場」なるものが存在していて、それが遺伝子になんらかの命令を書き込んだとするならば、人間の遺伝子暗号のすべてが解明されたとき、科学者たちはその命令の意味をどのように解釈するのだろう。ウィラー博士は、その遺伝的命令のなかに「神自身の言葉」が読みとれるかもしれないと語っている。

しかし、その考え方はけっして「神による創造説」を認めるものではないと、彼はいう。全知全能の神を持ち出せば、なにも物理学の自然法則を考える必要はないし、物質界を支配しているさまざまな法則を研究する意味もなくなる。そのような姿勢はけっして科学的ではないと、博士は念を押すのだ。私は、この刺激的な説を「ウィラーの仮説」と呼ぶことにした。そして、本章でこの仮説の内容をさまざまな方面から検討することにしよう。

●アーナ・ウィラー博士という素晴らしい科学者

まずこの仮説を提唱したウィラー博士とはいったいどんな人物なのかと誰もが思うだろう。そこで、次に彼自身のことを紹介しておこう。

彼は一九二七年、ノルウェーに生まれた。父はノルウェーの有名なヒューマニスト、アンダース・ウィラー、祖父は世界的に有名なスウェーデンの劇作家、アウグスト・ストリンドベリである。

父のアンダース・ウィラーはノルウェーでヒューマニズムを実践する奇特な活動家であったため、ノルウェーでは彼のことを知らない人はいない。三十七歳の若さでなくなったが、ヒットラーがヨーロッパを制覇しようとしたとき、彼はヒットラーの脅威からノルウェーとその文化を守るべきだと雄弁をふるった。また先年冬季オリンピックが開かれたリレハンメルに、人道主義に基づくアカデミーを設立し、それはいまも活動を続けているという。

また、祖父のストリンドベリは一八四九年にストックホルムで生まれ、一九一二年に亡くなった作家で、ヨーロッパとアメリカ合衆国の演劇に衝撃的な影響を与えたことで世界的に有名である。彼は一貫して、人生は罪を罰する公正な「もろもろの力」に支配されていると考え、腐敗した社会への痛烈な批判と神秘主義、さらに求道的精神を作品に盛り込んでいった。そのため、いつしかスウェーデンの民衆に熱烈に支持され、英雄的存在となっていった。彼は生涯に小説や戯曲、詩など五十四冊の本を世に出し、一方では科学的なものにも興味を示し、金《きん》を化学的につくる方法を模索したという。

そんな父や祖父とは対照的に子供の頃から科学の方面にすぐれていたアーナ・A・ウィラーは、オスロ大学を卒業後、ハーバード大学で天文学の博士号を取得する。その後ヨーロッパを中心に各地の大学や研究所で教鞭をとり、また天体物理学の研究に従事した。初めに取り組んだ研究はC型星と呼ばれる、炭素を多く含んだ恒星から発せられる光スペクトルの解析だった。その研究に取り組むかたわら、母校のオスロ大学から哲学の博士号も取った。しかしその後、太陽の観測に専門を移す。彼は、太陽を対象としたプラズマ物理学、天体物理学を専門として、その後の二十年間に輝かしい実績を残した。

彼は一九七二年から約二十年間、スウェーデン王立科学アカデミーの天体物理学教授をつとめた。同時に同アカデミーが財政援助をしているスウェーデン太陽観測所所長も兼務した。その観測所は初めはイタリアのナポリ近郊のカプリ島にある、小さな研究所であった。しかし彼はその誠実な人柄を買われて、スウェーデンによる太陽観測国際プロジェクトのリーダーに押し上げられていくのである。

まず最初に着手したのは、アフリカのカナリア諸島に国際観測天文台を建てるというプロジェクトだった。彼は国際交渉のためスウェーデンの科学代表に選ばれた。その交渉と天文台の建設には一九七八年から七年の歳月が費やされた。ところがそのあいだ、彼はスウェーデンの太陽観測天文台の建設も任されたのである。それはアフリカ西海岸沖ラ・パルマ島の火山山頂にあるカルデラ地(標高約二千五百メートル)に太陽観測天文台を建てるというプロジェクトだった。

これらのプロジェクトは、とくに国際間の調整交渉に非常に骨が折れるものであった。スペイン、イギリス、ドイツ、フランス、ノルウェー、デンマーク、そしてスウェーデンの国々のあいだで、政府内レベル、科学研究団体のレベル、そして研究所レベルでの交渉を同時に進めなければならなかったからである。

しかし彼はその交渉を根気よく続け、これらの天文台を建てることに見事に成功した。しかも建てられた天文台での太陽観測は素晴らしい精度を誇ることになるのだ。スウェーデンの太陽観測は世界でももっともシャープで詳細な太陽の映像を得ていることで有名になった。もちろんそれは日本の天文学者たちにも周知の事実だ。

この長年の努力に対して、彼は、スペイン・カルロス国王とスウェーデン国王・グスタフ十六世より叙勲されている。日本でいえば最高位の文化勲章叙勲に相当するものだ。また、スウェーデン王立科学アカデミーよりオルダー・リンネ金メダルを授与されている。いずれも卓抜した業績や研究功績だけでなく、誠実な人間性ももち合わせていないと受賞できないものだ。

現在彼はアメリカのニューメキシコ州に居を移し、意識の研究に没頭している。彼はたいへんな哲学好きである。「ウィラーの仮説」はそんな彼が退官後に発表したものらしく、彼自身もいうように、昔の哲学者たちの考え方に大きな影響を受けている。まず、紀元前二世紀の哲学者プロティノス、そして十七世紀の哲学者ベネディクト・デ・スピノザ、また二十世紀前半に活躍した哲学者アルフレッド・ノース・ホワイトヘッドなどである。とりわけ大きな影響を受けたのがプロティノスだ。そう、「ウィラーの仮説」は現代版プロティノス哲学といってもいいくらいのものなのだ。

●ヘレニズム時代の哲学者プロティノスの思想とは?

それでは、そのプロティノスがどのような考え方をもっていたのかを簡単に解説しよう。プロティノスはローマ帝国が没落への道を歩み始めた紀元三世紀、ヘレニズム時代に生きていた哲学者である。プラトンとアリストテレスが考えた概念を吸収し、それを深めて体系化した「新プラトン主義哲学」の創始者とされている。

一説によると彼は、エジプトのリュウコーという地で生まれたという。三十九歳のときペルシャとインドの哲学を学ぼうと志し、時のローマ皇帝ゴルディアヌス三世のペルシャ遠征に加わった。四十歳代になってローマで哲学を教えるようになったが、本格的な著作活動は四十九歳のときからであった。彼は世俗的な財産などには執着せず、仲間に対しても徳をもって接する人物だったと伝えられている。歿年は西暦二七〇年頃である。六十五歳頃にかかった病が急速に悪化し、六十六歳のときイタリアのカンパニア地方で歿したとされている。

私たち日本人には少々なじみが薄いが、彼の思想は西洋文明にはかりしれない影響を与えた。彼が体系づけた思想はかなり汎神論的なものであり、エクスタシーといった神秘的概念も取り入れられた。そのため、のちのキリスト教神学者たちを惹きつけることになったからである。その結果、彼の思想はキリスト教の哲学者たちに引き継がれ、西洋ルネッサンス哲学の主流として受け継がれた。このあたりの事情や思想的内容については哲学や宗教学の専門書にゆずることにして、彼の思想の要旨を次にまとめてみよう。

彼はこの世界にあるすべてのものをプラトンの考え方にしたがって、「英知的世界」と「感性的世界」のふたつに分類した。現代流にわかりやすくいえば、「英知的世界」は私たちの感覚ではとらえられない超次元的世界のことで、神とか宇宙意識、あるいは超精神世界などといってもいいだろう。また「感性的世界」とは、私たちの五感でとらえることのできる現実的世界のことだ。物質世界といってもいいだろう。

彼は「英知的世界」が、少々耳慣れないかもしれないが「ト・ヘン」「ヌゥース」「プシユーケー」の三つの階層により成り立つと考えた。「ト・ヘン」は「一者」と訳すこともできるが、これはこの宇宙の最高位にある根本原理、すべてのものの源泉、あるいは唯一絶対のひとつの存在という概念である。「ヌゥース」は一般には「知性」と訳されるが、これはプラトンのいうイデア、つまり叡智の領域のことである。そして「プシューケー」は「魂」とか「霊」とか訳されるが、そのような訳語では私たちは一般的におどろおどろしい「火の玉」とか「霊魂」を想像してしまうかもしれない。しかし彼のいう「プシューケー」とはそういうものではなく、宇宙に遍満するもっとも神的な純粋霊魂的存在なのである。そしてそこから私たち人間の魂、動物や植物の魂などが出てくるとされる。ここでおもしろいのは、地球などの惑星も魂をもっていると考えられていることだ。

プロティノスはこれらの三つのものについて、太陽から光が流出しているように、「ト・ヘン」から「ヌゥース」が流出し、「ヌゥース」から「プシューケー」が流れ出ていると考えた。また「感性的世界」は形と元素などの素材から成り立っているとし、これは「英知的世界」から流れ出たものとした。つまり、私たちのすむ物質世界を超次元的世界から流出したものと考えたわけだ。したがって私たちを含む物質的なすべての存在は、その超次元的世界をモデルにして形成されているとするのである。

やや観念的にも思える彼の思想でとりわけ興味深いのは、魂についての考え方である。彼は魂を生命の始元と考え、それ自身では生きる力のない物質に生かす力を与えるものとした。つまり、物質になんらかの生命の息吹を吹き込むものが魂であるとしたのである。

さらに彼は、私たち人間はもとより、すべての動物、植物、惑星のもつ魂はともに同じ

「プシューケー」から出てきている兄弟姉妹であり、同種のものであると考えた。そして同じように「プシューケー」から出てきているが物質世界には入り込むことのないものもあるとした。それは「世界霊魂」とか「宇宙霊魂」とかいうべき存在であって、それが「感性的世界」、つまり私たちのすむ物質世界のすべてを管理していると考えた。

プロティノスの考え方でもうひとつ興味深いのは、宇宙のあらゆる部分は相互に共鳴し合い、またそれによってのみ互いに交信し合っていると考えたことである。この考え方は、実はウィラー博士に大きな影響を与えたもののひとつなのだが、これについてはあとでくわしく述べる。

●プロティノスの哲学を現代科学の言葉で置き換える

さて、ここまで述べてきたプロティノスの哲学をふまえて、もう一度「ウィラーの仮説」を考えてみよう。ウィラー博士自身もいうように、彼の提唱している仮説はプロティノスの考え方に現代科学の装いをほどこしたものだが、具体的にはどういうものなのだろうか。

まず第一に、ウィラー博士は、「プシューケー」が地球に入り込んだ惑星の魂を「惑星心場」という、いかにも科学的な用語で説明している。そして「世界霊魂」を「意識場(コンシャスネス・フィールド)」と呼び変えた。つまり、私たち人間やほかの動物、植物などすべての物質系はこの意識場の管理のもとにあるというわけである。なるほどそう考えれば納得できそうだ。

　そして「惑星心場」にせよ「意識場」にせよ、宇宙の存在構造としての場が、宇宙のもっている情報を私たちの物質世界に吹き込んだと考えるのだ。その影響がもっとも顕著に見られるのが、生物のもつ遺伝子であるとウィラー博士はいう。彼は、この地上にすむすべての生物に遺伝的命令を書き込んだのは、この意識場に違いないというのだ。

　ここで思い出すのが、第一章で述べた村上和雄博士の「サムシング・グレート」である。

　私は最近、株式会社船井メディアが出している月刊カセット情報『21世紀へのヒント』でシェルドレイクの仮説などについての話をテープに収録させていただく機会があった。それが縁となって、船井メディアのディレクターをしている人見ルミさんがとても親切に村上博士とお会いする場をつくって下さった。おかげで私がかねてから切望していた村上博士との面談がかなったのである。これからは科学と精神世界のかけ橋としての役目を果たしていきたいという村上博士は、熱を込めて私に次のようなことを語って下さった。

「私たち人間の遺伝情報はたった四種類の化学文字の組み合わせでできています。そしてそれは両親から受け継いだ三十億ペアもの情報量なのです。しかもそれが米粒ひとつにもならない大きさに整然とたたみ込まれているのですよ。そんなことが自然に起こる確率はゼロに等しいと思います。しかも極微の世界にたたみ込まれたその情報は、間違いなくいつも働いているのです。また同じ両親から受け継ぐ兄弟の遺伝子はすこしずつ違っています。これがまたすごいことです。これはもうただごとではすまされない。なにかの芸術作品をつくるときは、必ず創造者がいますよね。それと同じように誰かがそのような遺伝子をつくったとしか考えられないのです。それを私は何年も前から『サムシング・グレート』と呼んでいます。それは常に遺伝子に指令を出し、どういうときに体のどの場所で働きなさいというように私たちの生命活動をコントロールしているのではないかと思うのです。さらにシンクロニシティーといった不思議な現象もサムシング・グレートが関係しているのではないかと思います。また、ユングのいう集合的無意識はサムシング・グレートとつながっているのかもしれないですね」

私は村上博士のこのお話を聞きながら、ちょっとした衝撃を感じた。ここにもまたウィラー博士と同じようにプロティノス的な考え方を現代科学の言葉に置き換えて熱弁をふるう世界第一級の科学者がいたからだ。ウィラー博士はそれを「惑星心場」とか「意識場」といい、村上博士は「サムシング・グレート」という。しかし表現は違っても、両者の考え方は同じなのではないかと、そのとき私は確信した。と同時に、私はこれが宗教家や詩人、思想家など文化系の賢人たちの言葉ではなく、世界でも一流の科学者たちの言葉であることに大きな意味を感じたのである。

宗教家や詩人たちは、しばしば直感的に宇宙の真理を語る。そしてそれはまさに「真理」であることも多いが、残念なことに、彼らのいうことは多くの人たちには主観的な見解とみなされて顧みられない傾向がある。ところが科学者のいうことは、それが仮説であってもだいたい事実の究明に基づくものだから信憑性があり、多くの現代人に対しても説得力があるのである。私はそこに重い意味を感じたのだ。

そんなことで、私は人見さんを交えての村上博士との対話を楽しんでいた。ところが、その途中思いもかけない偶然の一致が起こったのだ。私が村上博士に「サムシング・グレートとは、いったいなんなのでしょう」と再度問いかけたときだ。博士は「私はそれをこれからも追究していきたいと思うのですが、それはわからないでしょう。人類がいくら研究しても当分わからないのではないでしょうか。昔からゾウの耳をさわってこれはこうだ、鼻をさわってこれはああだっていうでしょう。それと同じことですよ！」

私は村上博士が語り出したこの言葉を聞いて、驚天動地の驚きを感じた。なんという偶然の一致であることか！　第三章で書いた「群盲、象を評す」の偶然の一致が、第四章を書き始めていたそのとき、またしても私の目の前で起こったのだ。私は村上博士のその言葉を聞いて、すぐにウィラー博士が私に北斎の絵を捜して欲しいといってきたときから始まった不思議な話を告白した。するといままでおだやかであった村上博士の表情が真剣そのものに変わっていった。

その日の帰り道、私はこのただならぬ偶然の一致に感動していた。それはまるで、「サムシング・グレート」が本当に存在していて、みずからその存在を私に示しているかのような出来事だったからだ。しかも、「サムシング・グレート」を提唱し続けておられる村上博士の言葉を借りて語るという……。

●ウィラー博士が「意識場」を意識し始めたきっかけ

話を「ウィラーの仮説」にもどそう。ウィラー博士は、それ自身では生きることのできない物質系に生命の息吹を吹き込んだものは「意識場」であり、生命の進化や生命活動に一定の方向を与え、コントロールしているのも「意識場」であると考えた。それではウィラー博士をそのように考えさせたものはなんだったのだろう。

ウィラー博士によると、一九五九年、彼が三十二歳のとき、ダーウィニズムに疑問をさしはさむティヤール・ド・シャルダンの『人の現象』という本を読んだ。それがきっかけとなり一九六〇年から二年間くらい、生命の起源や進化について科学者たちが発見したことについてひろく勉強したそうだ。

それから約二十年間、彼は天文台の建設に没頭した。しかし五十四歳になったとき、ダーウィニズムと進化について真剣に研究しなければならないという強い衝動にかられたという。そして研究すればするほどダーウィニズムは修正されなければならないという思いが強くなっていったそうだ。ダーウィニズムでは生物の新しい種が生まれることを説明しきれないからだ。そして「惑星心場」とか「意識場」のようなものを考えたらそれを説明できるのではないかと思ったのだという。もちろん彼の愛する哲学者プロティノスの思想が背景にあったことはいうまでもない。

またそのような目で生物の世界を見直してみると、自然が偶然に創造したとは思えないものが実に多いことに驚いたという。そこには非常に高度なテクノロジーのアイデアが詰め込まれていたのである。すでに述べたとおり、ウィラー博士は天体物理学者であり、生物学は専門ではなかった。だから生物たちのなかに奇跡とも思える複雑精緻な構造を見ると、生物学者が感じない新鮮な驚きを感じるのかもしれない。彼の自然を見る目は子供のように純粋なのだ。

私は彼に、この地球上で観察される生物界の事実のなかで、「意識場」の存在なしに考えられないと思うものを三つあげるとすると、どんなものかと聞いてみた。すると彼は、次の三つをあげた。

一、細菌の鞭毛《べんもう》についたモーター
二、コウモリの超音波によるレーダー
三、ホタテガイの眼の精巧きわまりないデザイン

それではこの三つの素晴らしい自然の創造物がどんなものなのか、簡単に紹介してみよ

う。

●細菌の鞭毛を回転させる精巧なモーター

まずは細菌の移動装置、鞭毛である。これは一本の長いプロペラで、フラジェリンと呼ばれるタンパク質でできている。そしてそれは細胞膜に埋め込まれた回転装置につながっている。この回転装置のデザインが素晴らしい。この装置が、細菌の膜を通る水素イオンの流れが生み出すエネルギーを動力源とするように設計されているからだ。

現代科学の粋《すい》を集めても、同じような原理で回転させる人工モーターをつくることは容易ではない。それが自然界では、さまざまなタンパク質からなる超微細でかつ超精巧なモーターとして存在しているのである。

実は水素イオンの流れによってエネルギーをつくり出す方式は、非常に原始的なものとされている。地上の動物や植物などのほとんどは、ATPと呼ばれるエネルギー分子を使う。一方、細菌などの原始的生物は、水素イオンの流れからエネルギーをつくり出しているのだ。

私にしてみればATPを使う方式はまさに奇跡的な仕組みであり、それこそ偶然による自然現象でできたとは思えないのだが、ウィラー博士はこの細菌の駆動装置の精巧さを見て驚嘆したという。そして偶然にそれが組み立てられたとはとうてい思えず、この地球をつつむ「意識場」のようなものに誘導されてつくられたに違いないと思ったというのである。

●コウモリは超音波のレーダーで虫をつかまえる

次はコウモリのレーダー技術である。動物の好きな人ならよくご存知であろうが、コウモリは哺乳類なので、赤ん坊は母親の乳を飲む。世界には四千種類の哺乳類がいるとされているが、その四分の一がコウモリである。また、日本には三十三種類のコウモリがいるとされている。鳥には翼があって、それで空を飛ぶことができるが、コウモリは腕と手が変化した「翼手」と呼ばれる翼で空を飛ぶことができる。哺乳動物のなかで空を飛べるのはコウモリだけだ。

コウモリには小型のものと大型のものがいる。このうち小型コウモリは夜行性で、光のない暗闇の空を自由自在に飛び回り、虫をとらえて食べる。彼らは人間の耳には聞こえない超音波を出して、獲物の位置をさぐることができる。十二キロヘルツから二百キロヘルツの周波数の超音波を出して、それが飛んでいる虫にはね返ってくるのを感知して虫をつかまえる。まさに超音波レーダーなのだ。

そのレーダー技術は、不思議なことにコウモリの種類によって若干の違いがある。超音波を口から出すコウモリと、鼻から出すコウモリがいるのである。超音波を口から出すコウモリは、ノレンコウモリやヒナコウモリで、彼らが出す超音波はひろく広がっていく。ところがキクガシラコウモリなどは鼻から超音波を出し、それをサーチライトのように左右にふって獲物をさがす。

このように自分の出した音が障害物にあたってはね返ってくるエコーを聞き分けて位置を判断する技術をエコロケーションという。飛行機などで使われているレーダーは、まさにコウモリのこのエコロケーション技術からヒントを得て発明されたものだ。人間がコウモリのもっていた技術をまねたのである。そのようにすぐれた技術を、コウモリたちは進化のどの時点で獲得したのであろう。

哺乳動物や鳥類は、は虫類から進化してきた。コウモリは虫をとらえて食べていたモグラの仲間から進化してこの地球上に出現したといわれている。彼らが現れたときには、すでに多くの鳥たちがいて、昼間の空を占領していた。昼間空を飛ぶ虫たちを食べていたのである。だからあとから現れた小型コウモリたちは、夜の空に獲物を求めるほかなかったのである。夜は闇の世界である。目を使うことができない。そこで彼らは超音波レーダーを使って夜空に飛ぶ虫をつかまえる技術を発達させたのだ。

このことは、ダーウィン主義者たちが主張するように突然変異と自然選択だけで説明することができるのであろうか。彼らはさながらこう考えるであろう。偶然による突然変異で、超音波を口や鼻から出して夜空に飛ぶ虫を見つける方法を獲得した生物が出現した。

昼間空を飛び回って虫を食べる鳥たちは、夜にはいない。したがって、超音波レーダーで虫をつかまえる技術を獲得したコウモリは、夜の空に飛ぶ虫たちを豊富に得ることができた。それは彼らが生き残るのにきわめて都合がよかった……と。

それでは偶然にしろ、偶然でないにしろ、超音波レーダーを使う生物は、なぜ出現したのか。ウィラー博士にとっては、そこのところが腑に落ちないのだ。彼にしてみれば、モグラの仲間のある動物に宇宙のなんらかの創造力が働いて、超音波レーダーをもつコウモリに進化するように誘導されたと考える方がよほど理にかなっているのではないかと思えたのである。あるいは、超音波レーダーを使う技術が「惑星心場」のなかにすでに情報として組み込まれていて、コウモリはそれをなんらかの方法で取り出したと考えた方がよいのではないか。ウィラー博士はそう考えたのだ。

ちなみにコウモリは超音波を使って親子間のコミュニケーションをしているといわれる。また、コウモリの超音波を聞くと、ある種のガやカゲロウの仲間は回転して飛び始めたり、ジグザグ飛行をして、コウモリにつかまらないようにしているという。さらにヤガやヒトリガなどのガは超音波を聞いたとたんに翅《はね》をひろげて止まり、次にまるで気を失ったかのように翅をたたんで真下に落ちるそうだ。そうやって彼らはコウモリに食べられてしまうことを避けている。生物の世界はほんとうに不思議なことばかりである。

●ホタテガイの眼の精巧きわまりないデザイン

次にウィラー博士が注目しているのは、生物に見られる眼の巧妙なデザインである。それを見ると、まるで大いなる何ものかが生物の体のなかに外界の様子をとらえることのできる器官をつくらせたとしか考えられないと、彼はいう。『惑星意識《プラネタリー・マインド》』の第5章「『すべてを見抜く』眼」にくわしく書いてあるので、その要旨を次に紹介しよう。

眼をもっている生物は現在四種類いる。魚類、軟体動物(イカやタコなど)、昆虫類、それに脊椎動物である。これらはそれぞれに精巧な構造をした眼をもっており、こうした眼が偶然による自然選択によって徐々に進化してきたものとはとうてい思えないのだが、まずは眼がどのようにして進化してきたのかを考えてみよう。

もっとも原始的な眼は、体の表面にちょっと盛り上がっているだけの点状のもので、光を集めるレンズなどはついていない。それは光を感ずる特殊な物質が含まれる小さな細胞で、そこから神経が延びていて原始的な脳につながっている。その細胞に光があたると、それは化学的・電気的信号に変えられて脳に伝えられる。この構造が進化して、現在の生物たちがもつ眼へと変わっていった。

ここで昆虫類をのぞく三種類の生物の眼がみな同じような構造に発展していることに注目しよう。魚類と軟体動物、そして脊椎動物たちの眼はほとんどカメラレンズ型の構造をしている。つまり、虹彩《こうさい》という組織によって眼に入る光の量が調節され、レンズによって入ってきた光が屈折させられて像の焦点が合い、ガラス様の物質(眼球)によって光が網膜に達して像が結ばれる。そして、そこから神経細胞が脳に延びていて外界の様子を認識する、という方式だ。

ここで進化の道筋について考えてみなければならない。私たち人間を含む脊椎動物は、体に背骨という一本の支柱をもっている。そういう構造の生物はピカイアと呼ばれるナメクジウオが祖先とされ、そこから魚類、両生類、は虫類、鳥類、哺乳類のように進化してきたといわれている。これが進化の大きな流れのひとつとなっている。これに対して、体のなかに支柱のない動物の進化の流れがある。イカ、タコなどの仲間の動物だ。これらの動物の祖先は明らかに、私たちのように背骨をもっている動物とは違う進化の道筋を通ってきた。しかし、このふたつの違った進化の道筋で眼はまったく同様の構造を発展させた。ウィラー博士にはそれが偶然とは思えないのだ。

次に昆虫の眼について考えてみよう。「トンボの眼鏡《めがね》は水色メガネ……」と歌われるように、昆虫の眼は私たちの眼と違って大きな複眼である。トンボの複眼のなかには小さな個眼と呼ばれる眼が二万八千個集まっている。そして複眼は百八十度の視野をもっているので、二個の複眼で三百六十度見渡せる。人間の眼にはできない芸当だ。

この複眼を構成している個眼は、六角柱の形になっている。ミツバチの巣にあるひとつひとつの穴のようなものだ。驚くべきことには、そのなかに二枚のレンズが入っている。

これは昆虫の祖先ともいわれる三葉虫のもっていた構造が進化したものらしい。

三葉虫は一万五千個ものレンズを並べた解像度の高い眼を発達させた最初の生物だった。彼らはおよそ三億年にわたって繁栄を続けたが、その後期には二重構造のレンズをもつ眼を獲得していた。凸レンズと凹レンズを組み合わせた眼である。実はこの構造は、人間が百年くらい前に発明した望遠鏡の構造そのものなのである。つまり、これは望遠鏡で見る像や色がぼけないようにする技術なのである。そんな高級な技術を使った眼を、古生代に生きていた三葉虫がもっていたとは驚き以外の何ものでもない。

しかしながらウィラー博士がさらに驚いたことは、ホタテガイの眼の構造である。ホタテガイの殻を開いてみると、やわらかい体のまわりに薄くて透明な膜があるのがわかる。それを外套膜《がいとうまく》というが、そのなかにちょうど体全体を取り囲むように二十個から三十個の眼が並んでいる。その眼は脊椎動物の眼と同じようにガラス様物質、レンズ、網膜などで組み立てられているのだが、ひとつだけほかの動物の眼よりも高度な構造がある。それは図に示したような放物面をした鏡と補正レンズとからなる複雑精緻な構造である。

ウィラー博士は天体望遠鏡の専門家でもある。その彼がホタテガイのこの眼の構造を見て驚いたのは当然といえるかもしれない。人間の科学技術がつくり出す望遠鏡と同じデザインを、ホタテガイが取り入れていたからである。それは第二次世界大戦の直前にベルンハルト・シュミットという研究者が発明した技術である。彼の発明した望遠鏡は球面の鏡の前面にレンズ様のガラス板（補正レンズ）が置かれている。これにより、広い範囲に焦点のあった像が得られるのだ。それは人間の光学デザインにおける画期的な発明であった。また天体観測にはいまもなおこの技術が使われている。

しかしホタテガイでは、球面よりもつくるのがむずかしい放物面の鏡と補正レンズが使われていた。それはとてつもなく高度な光学システムである。それによりホタテガイは広く鮮明な視力をもっていたのだ。これは「惑星心場」の影響に違いない。そのようにウィラー博士は考えるのである。

さらに、彼はこうも考える。この鏡とレンズを組み合わせるという方法を取り入れた生物はとても少ない。それはまるで自然が眼という概念を実現するにあたって、まず特殊なデザインをいくつかためし、そのあと、昆虫と脊椎動物の眼を本腰を入れて設計し始めたかのようだ、と——。つまり彼には、ホタテガイの眼は、大いなる「意識場」の存在とその意図を感じざるを得ない物的証拠に思えて仕方がないのだ。

●「ウィラーの仮説」でいう「惑星心場」「情報場」「意識場」

さて次に「ウィラーの仮説」をさらにくわしく検討する前に、ここでウィラー博士のいう「場」について整理しておいた方がよいだろう。彼はちょうど私がこの原稿を書いているときに偶然にも、東京で開かれた「脳と意識に関するＴｏｋｙｏ’99国際会議」に出席す

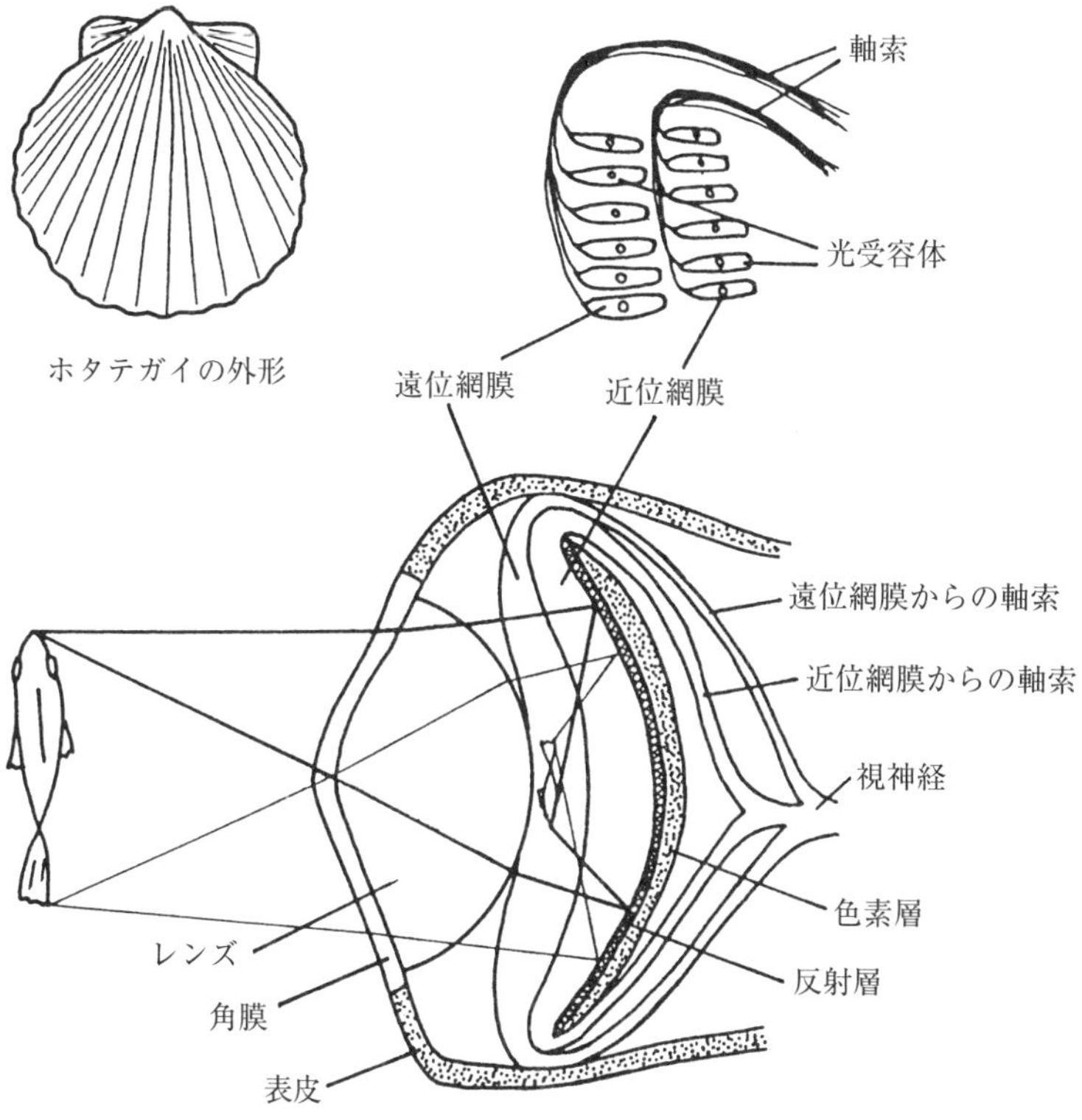

ホタテガイの眼の構造

反射層は放物面をしており、魚などの映像をうまくとらえることができる。

(*Eyes & Seeing*, Joan Elma Rahn, Atheneum New York 1981より)

るため来日された。そのとき私は二日間にわたって博士にお会いし、疑問点を質問することができた。

まず私が一番確認したかったのは、ウィラー博士の著書『惑星意識《プラネタリー・マインド》』のなかでしばしば登場する三つの場、「惑星心場」「情報場」「意識場」の違いである。私は彼の来日直前まで電子メールでインタビューしていたのだが、彼の答えのなかにもこれらの場がしばしば登場していた。しかし、私にはそれらの違いがよくわからなかった。突っ込んで聞いてみると、彼は哲学者のプロティノスの考え方を引用しながら親切に答えてくれた。

先に述べたようにプロティノスのいう「ト・ヘン（一者）」は宇宙のビッグバンそのものということもできるし、唯一絶対の神ということもできる。そしてそこから光のように流れ出てきた「ヌゥース（知性）」が「情報場」だという。つまり、ここにさまざまな生命の情報や設計図が潜在しているというのである。そしてそこから流れ出てきた「プシューケー（魂）」が「意識場」であるという。これがプロティノスのいう「世界霊魂」で、地球上のすべての生命の進化や種の創造をコントロールしているというわけだ。

さらに「惑星心場」というのはこの地球そのものがもつ魂の場で、「意識場」がさまざまな生命の情報を「情報場」から取り込んで、この地球に特殊化した「心の場」なのである。彼はこの点について、次のような興味深い例をあげて説明してくれた。

生まれたばかりの赤ん坊に意識は宿っているが、まだ心は十分に育っていない。その意

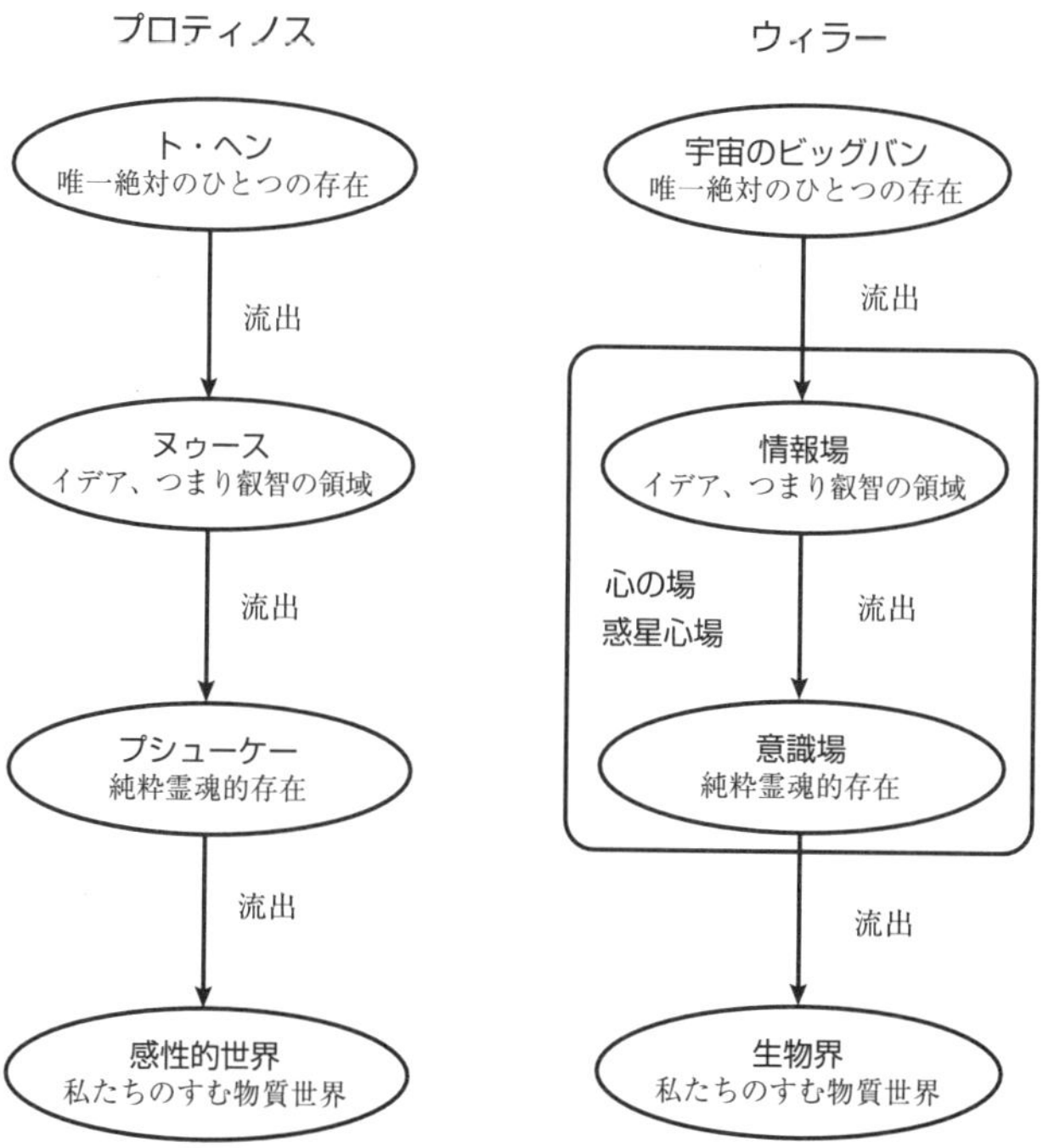

ウィラーの仮説はプロティノスの考え方の現代版

心は意識が情報を得たものである。また、惑星心場は情報場と意識場がいっしょになったもの。

識は「意識場」の魂が赤ん坊という生命体に入り込んだものだ。やがて赤ん坊は成長するにしたがって、「情報場」に潜在している生命の情報を取り込んでいく。そうして心は育っていく。つまり心とは、「意識場」の魂と「情報場」の情報がいっしょになって初めて完成するものなのだ。

これと同じようにガイアという地球生命体は、そこに入り込んだ「意識場」の魂をもっている。それが地球上の生命の長い歴史のなかで「情報場」から厖大な情報を取り込んだ結果として、一種の心をもつにいたったのだ。それが「惑星心場」なのである。

●「情報場」の情報はいかにして生命に取り込まれるのか

ここで思い出されるのが古代インドの「アカシックレコード」という考え方だ。私たちのまわりの空間、あるいはこの宇宙空間に、森羅万象、宇宙開闢《かいびゃく》以来のすべての情報が、一種の記憶のように蓄積されている。それがアカシックレコードである。したがって、なんらかの形でその記憶の一部を取り出すことができれば、未来予知も可能となる。それが特定の個人のものであったなら、その人の未来の運命がわかるということになる。そのような記憶の蓄積されているところが、もしかするとウィラー博士のいう「情報場」なのかもしれない。

あるいはまたそれは、量子力学の異才デビッド・ボームの「暗在系《あんざいけい》」なのかもしれない。

ボームは物の存在のあり方をふたつに分けて考えた。ひとつは私たちの感覚で明らかにわかる存在形式で、それを「明在系《めいざいけい》」、もうひとつは時空のなかに内蔵されていて私たちの感覚ではわからない存在形式で、それを「暗在系」とした。

よく考えてみると、これは先に述べたプラトンのふたつの世界によく似ている。私たちの五感でとらえることのできる「感性的世界」が「明在系」で、私たちの感覚ではとらえることのできない「英知的世界」が「暗在系」に対応するのかもしれない。プロティノスの考え方でいえば、その「英知的世界」のひとつが「ヌゥース」で、ウィラー博士によればそれが「情報場」ということになる。

それではウィラー博士はこの「情報場」と、ボームのいう「暗在系」との関係をどのように考えているのだろう。ウィラー博士に聞いてみると、ボームは「内蔵秩序」(「暗在系」)という概念をつくり出して物理学的な観点からそれを検討しているのだが、進化生物学の観点からそれを考えていなかったという。内蔵秩序というのは、端的にいえば、宇宙の各部分は全宇宙に存在するすべての情報をそのなかに内蔵しているという考え方だ。ウィラー博士にいわせれば、ボームの内蔵秩序という考えは素晴らしいのだが、それではそれが生命現象とどう関係しているのかがわからないというわけだ。

ウィラー博士は、プロティノスの考え方を現代流に解釈した。前に述べたことの繰り返しになるが、まず、宇宙の唯一絶対的な存在から「情報場」が流れ出て、そこから「意識場」が流れ出る。そしてそこから物質が析出すると考えた。生命体は物質であるが、「情報場」から流れ出た「意識場」から析出したのだから、生命には「情報場」や「意識場」のもっていたものが取り込まれている。あるいはむしろ「情報場」や「意識場」のもっている生命創造の意図ゆえに生命は創造され、その意図のままに進化の道を歩んできた。逆のいい方をすれば、進化は生命が「情報場」から情報を取り込むことによって起こるというのだ。

それでは「情報場」は具体的にはどのような手段を用いて私たち人間を含む生物にその情報を焼きつけているのであろう。ウィラー博士は、この点はまだ未知の領域であり、その解明は次世代の科学者たちの仕事であるという。ここで私はどうしても先に述べた村上和雄博士のことを考えてしまう。彼も「サムシング・グレートが遺伝子に生命の設計図を書き込んだに違いない」と主張している。しかし「サムシング・グレートがどのようにして遺伝子に書き込んだのかはわからない」という。ここでもウィラー博士と村上博士の考え方は一致しているのである。

●古代インド思想の影響を受けた「ウィラーの仮説」

ところで、プロティノスにしろウィラー博士にしろ、彼らのとなえる宇宙の唯一絶対的存在とか、叡智的世界、また純粋霊魂的存在という概念は、古くからあるインドの考え方に似ている。プロティノスの人生には未知の部分があるが、ウィラー博士の推測では、おそらくプロティノスはインドの哲学者や宗教家たちに出会い、かなり影響を受け、さらに一種の悟りなども得ていたに違いないという。そうでなければあれほどの神秘主義的な考え方ができなかったのではないかというのだ。

そういうウィラー博士自身もこの仮説を考えるとき、かなり古代インドの哲学から影響を受けている。彼によると、インドでは古くから「ブラーフマン」という宇宙の唯一絶対的な存在があって、そこから分化してきた実在《リアリティ》が私たちを取り巻く生命にほかならないと考えられていた。したがってウィラー博士は、このようなインドの古い考え方に現代的な装いをこらしたのだともいえる。つまり、彼は「ブラーフマン」が宇宙のビッグバンに象徴されるような唯一絶対的な存在であるととらえ、そこから宇宙の実在《リアリティ》の形である「情報場」や「意識場」が分化して出てきて「惑星心場」というものをつくっていると考えるからだ。したがって「ウィラーの仮説」では、これらの場が実際にこの宇宙に存在するのではないかと考えるわけだ。

また彼は、ブッダはプロティノスのいう唯一絶対的存在「ト・ヘン」と同等であり、宇宙のビッグバンにより「ト・ヘン」が一部変化して「ヌゥース」や「プシューケー」になったのではないかと考えている。また古代インドの哲学では、神々がこういった宇宙の変化をつかさどってきたと考えるという。ということは、ウィラー博士にいわせれば、古代インドの神々は「プシューケー」ということになり、それが物質に「ヌゥース」の情報を吹き込んだということになるのだ。

ここで思い出されるのが先に紹介した北斎の漫画「群盲、象を評す」である。この絵に関して私に起こった偶然の一致に、ひとすじの意味が見え隠れするように思えるからだ。仏教ではゾウはときにブッダの懐妊を意味する象徴として使われるという。なぜなら、一頭の子ゾウによって、王妃マーヤがブッダを身ごもったとされるからである。そのためゾウは「天使」の役割を果たしている。つまり天の作用と祝福の仲介者がゾウなのだ。また仏教でゾウは智恵の象徴でもある。普賢菩薩《ふげんぼさつ》の乗ったゾウは明らかに智恵の力を表しているというのだ。

ウィラー博士は「ト・ヘン」はブッダと同等であるという。そしてゾウがブッダの懐妊を象徴する——。ならば、北斎の漫画「群盲、象を評す」で、盲目の人たちがさわったりなでたりしながら調べているものは、ブッダそのものなのではないか。あるいは、ブッダの要素を孕《はら》んだ巨大な存在なのではないか。また、「惑星心場」を構成する「情報場」はプロティノスの「ヌゥース」、つまりゾウのもうひとつの象徴、「智恵」であることが興味深い。とすると、この地球をつつむ大いなる「心の場」には、ブッダの霊や叡智がとけ込んでいるということかもしれない。

さらにまた、少々不遜ないい方かもしれないが、日本で生まれたさまざまな宗教の神々も、「ウィラーの仮説」が主張する「場」と関係があるのかもしれない。たとえば「すべての親である神」とか「宇宙に遍満する心である神」が生命をつくり出したという考え方がある。この場合、その神々はもしかするとウィラー博士の主張する「情報場」や「意識場」、あるいはそれらがいっしょになって地球に特化した形の「惑星心場」の性質や働きを指しているのかもしれない。

ウィラー博士は地球上の生物を進化させ、発展させたのはあくまでも「惑星心場」という宇宙の時空構造であり、宗教的な概念としての全知全能の神や創造神ではないと考えている。いままでの宗教的な考え方で、さまざまな神が生命をつくり出し進化させてきたととらえられているのは、「惑星心場」のもつ創造的側面をとらえていたからではないか。それが、ウィラー博士の立場なのだ。

●相互作用とともに進化、発展していく「惑星心場」

ところで「ウィラーの仮説」で私がとてもユニークだと思う点は、「惑星心場」が地球にすむ生命や人間の心と相互作用しながら進化、発展していくという考え方である。「惑星心場」はある種の心的生命体であって、それが地球という惑星に物質現象系である生命を生み出し、遺伝子に情報を書き込んだ。そして出現した地上の生命と相互作用しながら、なんらかの目標を達成しようとしているように見えるとウィラー博士はいう。

その目標のひとつが、かつてひとつであったものとつながりたいということではないかという。このへんになると、人によっては眉につばをつけてみたくもなるだろうが、長年真摯《しんし》に生命とはなにか、宇宙とはなにかを考え続けてきた一流の科学者の話に耳をかたむけてみよう。

ウィラー博士によると、意識は宇宙のビッグバンの一部であるという。ここで、先ほどから述べている宇宙のビッグバンとはなにか、念のため補足説明しておこう。なにもない無の世界で、十のマイナス何十乗というとてつもなく短い時間に、無限大に近い巨大なエネルギーをもった状態が出現した。それが急激に膨張して信じられないほど超高温の光のかたまりになった。そしてそのエネルギーのかたまりは光の放射とともに物質を形成していった。簡単にいえば、これが宇宙のビッグバンである。創造神話のように聞こえるが、いま科学ではこのように信じられている。

この理論によれば、物質やエネルギー、また情報といったものは最初の巨大な爆発によって、粉々になって宇宙に飛び散ったともいえる。ところが、さらにウィラー博士は、宇宙の意識も物質やエネルギーと同じように粉々になって飛び散ったのではないかというのである。彼は、その意識が地球という惑星に局在化したものが「惑星意識」、つまり「惑星心場」で、それはかつてひとつであったビッグバンのときの宇宙意識とつながろうとしているのではないかというのだ。

また「惑星心場」は宇宙のほかの部分に局在しているのかも知れないと、彼はいう。これはプロティノスの、宇宙のあらゆる部分は相互に共鳴し合い、またそれによってのみ互いに交信し合っているという考え方から来ているのであろう。

さらに彼は「惑星心場」はほかの宇宙の「意識場」につながるため、人間をひとつの道具のように使っているのではないかともいう。人間が執拗なまでに宇宙の星々を研究し、はるか彼方の星雲に思いをはせるのも「惑星心場」が人間に働きかけているからではないか。その働きかけゆえに、人間は航空宇宙技術を発達させ、ロケットをつくって地球を飛び出し、月に足跡を残し、火星を探検しているのではないかと、彼は考えている。

ともあれ、「惑星心場」は地球上の生命と相互作用しながら進化、発展していくというのが、ウィラー博士の考え方である。つまり、「惑星心場」は初めから完全無欠なのではなく、試行錯誤する存在なのだ。「惑星心場」が進化を誘導した結果出現した人間が、犯罪をおかしたり、悲惨な戦争をしたりするのもその証拠だ。しかしそんな人間が生み出されてからの「惑星心場」の発展は、よい方向へ目を見張るばかりに加速してきたと、博士は指摘する。

なぜなら人間は文化を創造し、ほかの動物には見られない宗教的な心をみずからの内に育てたからだ。宗教は愛を説き、その実践を説いた。また智恵や道徳を高めることを説いてきた。それは「惑星心場」にはかりしれないよい影響を与えた。

その結果「惑星心場」自身の内によい概念やよい意識が蓄積され、「惑星心場」はよりよい方向へと進化する。そして「惑星心場」のもつ創造力はよりいっそうよいものに変化していく。そうした変化は当然のことながら、「惑星心場」につつまれて暮らす私たち人間にもよい影響を及ぼす。みずから楽観主義的であると認めるウィラー博士のこの考え方は、地球市民としての私たち人間の将来を見つめるとき、多いに示唆に富むものではないか。

なぜなら、私たちがより積極的に「惑星心場」にかかわってそこによい心のバイブレーションを送り込むことにより、その結果として、私たちは「惑星心場」からより大いなる「善」の作用《フィードバック》を受けるようにできるからだ。私はそう思うのである。

●「惑星心場」の存在を証明できるかもしれない脳内活動の詳細な研究

話がやや観念的になってきたので、ここでもう一度ウィラー博士がとなえる「惑星心場」を科学的に見ていくことにしよう。

「惑星心場」なるものは、いったいどのようにすればその存在が証明できるのであろう。「意識場」と「情報場」がいっしょになって、この地球に局在し、私たちをつつみ込むその惑星的規模の「心の場」は、科学的にその存在を証明できるのであろうか。私はこの点をウィラー博士に聞いてみた。

すると彼は「この仮説はプロティノスをはじめとする昔の賢人たちの概念を現代科学の用語に置き換えただけだから、まだ疑似科学の段階である」と認めたうえで、あえて「惑星心場」の存在を科学的に探究するとすれば、次の三つの方法があるだろうと答えてくれた。

まず第一は、脳をなんらかの方法で非常に詳細な解像度で映し出し、その活動をさぐることだという。現在私たちは脳の活動状態を調べるため、PETというすぐれた技術をもっている。これは陽電子放射断層撮影法というもので、脳の神経機能を化学的に調べることができる。情動や感覚の変化によって脳内の物質がどのように変化しているのかを三次元の画像にして調べることもできる。またMRI（核磁気共鳴映像法）を応用して脳の活動状況を映像化して調べることもできるようになっている。

しかしながら、これら最新の技術を用いても「惑星心場」の存在は証明するのがむずかしい。ウィラー博士は、これらの技術が将来素晴らしい発展をとげ、脳の活動をごく微細なレベルまで観察できるようになれば、もしかすると「惑星心場」の仮説が正しいといえる事実が発見できるかもしれないという。

なぜ「惑星心場」の存在を証明するために、脳の研究が必要なのかと読者は思われるであろう。この点は「ウィラーの仮説」の本質にかかわる問題で、非常に興味のある点である。それは、ウィラー博士が「惑星心場」と人間の「心」の関係に着目しているからである。

る。たとえば私たちの身体は重力場のなかにある。身体は物質でできているからだ。そして物質であるがゆえに私たちの身体は重力場のなかにとらえられ、重力の方向に物理的に引っぱられている。したがって、ひとたび身体を支えているものが取り除かれたならば、人間の体は一挙により深い重力場の谷底へ落下していく。

　これと同じように、もしも私たちの「心」が「惑星心場」のなかにあるのなら、私たちの「心」は「惑星心場」へつながることを切望しているはずなのだ。個々の「心」が「惑星心場」への親和力で引っぱられているとでもいおうか。身体に入り込み封じ込められた私たちの「心」は、いかにして「惑星心場」へ心を開くべきかを考えているのである。また、ひとたび封じ込められた身体から解放された「心」は、まっしぐらに「惑星心場」へと帰るのだ。これが「惑星心場」と人間の「心」の関係である。

　そこで脳の活動を詳細に研究することにより、この関係を浮き彫りにするものがなにか見つかるかもしれないと、ウィラー博士は考えているのだ。具体的にいうと、脳ニューロンのなかにある「微小管《マイクロチユービユール》」という細胞構造が彼の最大の関心事なのである。

　それというのも、ブラックホールや量子重力といった理論物理学の分野で世界的に著名なイギリスのロジャー・ペンローズ博士が最近「心の科学」に取り組み、脳ニューロンのなかにあるこの微小管の役割に注目しているからなのだ。この微小管は細い管状の構造になっており、そのなかを電子や光子が流れることがわかっている。したがって、もしそこに「光子場（光の場）」ができるとすると、それは外界宇宙の「光子場」と相互作用するかもしれないのだ。ウィラー博士は「惑星心場」は「光子場」である可能性もあると考えている。したがって、彼にしてみれば脳ニューロンの活動を詳細に調べることは非常に重要なのである。

●心は光の凝集体であるという理論

これに関連して注目すべき理論があるので、紹介しておこう。それは「量子場脳理論」という脳と心に関する新しい科学理論である。カナダ在住の日本人物理学者、梅沢博臣《ひろおみ》博士（一九九五年アメリカの病院で亡くなられている）と、高橋康《やすし》博士によって提唱されたものだ。彼らによると、記憶や意識などの高度な機能の本質的な部分は量子の世界にあるという。現在の医学や生物学では、記憶や意識は脳ニューロンのなかを行き交う電気的な信号や化学的な信号によって生み出されるとされているが、それは本質的な部分ではないというのである。

つまり人間の心は、脳細胞の内外にひろがった二種類の量子場で繰り広げられる現象により生み出されるというのだ。このことから、ノートルダム清心女子大学の治部《ぢぶ》眞里《まり》さんは同大教授保江《やすえ》邦夫《くにお》博士との共著『脳と心の量子論』（講談社）で、「心は、記憶を蓄えた脳組織から絶え間なく生み出される光量子（フォトン）の凝集体である」という結論を導いている。おもしろいのは、その光はふつうの光とはまったく性質の違う光であり、ある種の物質のまわりにまとわりついているということだ。

また、その光は「隠れ光子」と呼ばれ、ふつうの光よりも重たいという。これが脳細胞の内外に広がる量子場のなかで活躍するらしい。それが全体として心を生んでいるわけだから、心は光の凝集体なのだ。私たちが自分自身の心が身体から遊離して存在するように感じるのも、そういう物理的な背景があるからだ。治部さんはそう主張する。

もしこれが正しいとすると、この惑星をつつみ込む「惑星心場」からの影響が、量子物理学的レベルの現象を通じて私たちの心に及んでいても不思議ではなくなる。その意味でウィラー博士もこの理論には大きな関心を寄せている。

●ESP(超感覚的知覚)をもっと真剣に研究してみてはどうか

「惑星心場」の存在を証明できるかもしれない研究の第二は、ESP(超感覚的知覚)の追究であろうとウィラー博士は考えている。これはたとえば、あるグループの人たちからひとりの人になにかのメッセージを送り、受け手の人がどのようにそのメッセージを受けるかということについての研究である。

たとえば「シェルドレイクの仮説」を提唱しているルパート・シェルドレイク博士は「世界を変える七つの実験」のひとつとして、こんなおもしろい実験をしている。

まずひとりの学生に椅子に座ってもらう。そのうしろに何メートルか離れて、複数の学生が座る。横には実験する人がいて、コインを放り上げる。表が出たら「見つめろ」のサイン、裏が出たら「見つめるな」のサインを出す。そのサインに応じてうしろに座った学生たちが、前の椅子に座った学生を見つめるか、見つめないで他の方に顔をそむけるかするのだ。そして前に座った学生は、見つめられているか、見つめられていないかを答えるのである。この実験を八千回近く行って統計的に処理してみると、人は誰かに後方から見つめられると、約八十パーセントの人がそれを感知するという結論になったのである。

この結果からシェルドレイクは、うしろの人が前の人を見つめると、うしろの人の「心の場」が前の人の心の方に延びるということが起こっているのではないかと主張している。シェルドレイクは、その「心の場」は一種の「形の場」であると考えているのだが、ウィラー博士はこの種の研究をもっと押し進めることにより、「惑星心場」の存在を証明する手がかりがつかめるのではないかと考えているのだ。また同時に、ユングのいう「シンクロニシティー」や「瞑想」のさらなる研究も、「惑星心場」の存在を証明するかもしれないというのである。

このようなことを聞くと、村上和雄博士の話が思い出される。村上博士は私に「シンクロニシティーといった不思議な現象も、サムシング・グレートが関係しているのではないかと思います。また、ユングのいう集合的無意識は、サムシング・グレートとつながっているのかもしれないですね」と語ったのだ。これは逆にいえば、シンクロニシティーや集合的無意識のことをもっと深く研究すれば、「サムシング・グレート」が何なのかがわかるかもしれないということでもある。ウィラー博士と村上博士の考え方がよく似ていて興味が尽きない。

●ウィラー博士のシンクロニシティー体験

ウィラー博士が「シンクロニシティー」に興味をもち始めたのは、どうやら私のまわりで起こった北斎の「群盲、象を評す」に関する不思議な偶然の一致を、私が彼に伝えてからのことのようだ。そして、彼がそのあと、学会出席のため来日する一週間ほど前に奇妙な偶然の一致を自分でも体験したことで、さらに興味をつのらせることになった。そして、村上博士が「サムシング・グレート」とシンクロニシティーの関係についていうように、ウィラー博士もシンクロニシティーは「惑星心場」と関係があるに違いないと考えるようになった。それでシンクロニシティーをもっと研究すれば、「惑星心場」の存在を証明できるかもしれないというのである。

それでは、彼が体験した不思議な偶然の一致とはどんなものだったのか。彼に直接話を聞いたので紹介しよう。

「私はその数週間、E・T・クローズ博士の書いた『超自然物理学』という本を非常に興味深く読んでいました。本のなかで著者は何度もイギリスのG・S・ブラウンの『形の法則』という本を引き合いに出していました。一九六九年に出版された本です。ある朝、私は東京で開かれる学会で発表するポスターを取りに印刷屋に行ったのですが、まだ印刷があがっていないので、一時間ほどあとにもう一度来てくれないかといわれました。そこで近くの本屋さんに行って日本への旅行に参考になりそうな本を捜してみることにしました。いい本があったのでそれを買い、出口から出ようとしたとき、ポケットブックスの並んでいる棚が目に入りました。そしてその本のなかにケン・ウィルバーの最新著『感覚と魂の結婚』があったのです。以前どこかで見た本でした。しかし私はそこで、なぜかわからないけれどもその本を手にとって、何気なくページを開いてみたのです。するとそこにはG・S・ブラウンの本『形の法則』のことが書かれていたではないですか。それはまるでその本が私に呼びかけて、さあ手に取って読みなさいといっているような奇妙な体験でした」

たしかに奇妙なことだ。これも意味のある偶然の一致、シンクロニシティーに違いない。第三章で、私は偶然の一致についてさまざまな例をあげたが、そのような不思議な現象はおそらく「惑星心場」がかかわって起きている可能性が強いのである。

さらに、ウィラー博士が瞑想をより深く研究すれば「惑星心場」の存在が証明できるかもしれないと考えるのにも理由がある。昔から偉大な発見や発明は瞑想の習慣のあった人によってなされていることが多いといわれている。また、あるテーマを追い続けていた人が夢を見ているときとか、一種の瞑想状態になっていたときに発見や発明のヒントをつかんだという話をよく聞く。もしかすると、彼らは瞑想的な心理状態のなかで、「惑星心場」に組み込まれていた智恵や情報をつかんだのかもしれない。そう考えると、瞑想は私たちが「惑星心場」と交流することのできる、ひとつの方法なのかもしれないのだ。

●分子生物学で生物の発生を徹底的に調べたらどうだろう

「惑星心場」の存在を証明できるかもしれない研究の第三は、分子生物学によって生物の発生について徹底的に研究することであると、ウィラー博士は考えている。生物の発生というのは、卵子が受精して成長し、この世に生まれ落ちるまでのことをいい、それを研究する学問を発生学という。また、分子生物学というのは、生命現象を分子のレベルで解明しようとする科学である。その成果の一部は、すでに第二章で紹介したとおりだ。

ウィラー博士が興味をもっているのは、新しい生物の種が生まれてその生物の身体が形成されるとき、遺伝的設計図、つまりDNAのレベルでどのようなことが起こっているかということだ。それをくわしく研究していくと、「惑星心場」の影響や「惑星心場」の存在する兆候といったものが見つかるのではないか。彼はそんな期待をもっているのである。

といっても、新しい種の生物はそう簡単には生まれない。そこでなにかある種の生物の発生をDNAのレベルで詳細に研究し、発生途中の胎児のからだ全体について遺伝情報発現地図のようなものをつくっていったらどうだろう。彼はそんなことを考えているのだ。

●ウィラーの「惑星心場」はシェルドレイクの「形の場」なのか

ところで、第三章でシェルドレイク博士の研究を紹介したとき「形の場」という考え方について述べた。それでは「ウィラーの仮説」でいう「惑星心場」は、一種の「形の場」といえるのだろうか。私は「シェルドレイクの仮説」に関する本を二冊出しているので、この点をウィラー博士はどう考えているのか知りたかった。そして彼に問い合わせてみると、次のような主旨の返答があった。

シェルドレイク博士は、形という情報を物質に刻印し、生命の組織を形づくるように働く「場」が存在するといっている。「惑星心場」はきわめて創造的な性質をもつもので、その創造性が発揮されるときに、彼のいう「形の場」が作用するのではないか。つまり、「惑星心場」が生命をつくるのに必要な道具のようなものが「形の場」なのだ。彼は宇宙の創造性はまったくの神秘であるとしているが、創造性は宇宙に実在する「惑星心場」のもつ物理的な性質なのではないか……。

なるほど、ウィラー博士はシェルドレイクの仮説でいう「形の場」と「形の共鳴」は、「惑星心場」のもつ性質ゆえに生じる現象であるととらえているわけだ。拙著『こうして未来は形成される』にくわしく書いたが、シェルドレイク博士は、「現在の一瞬一瞬の一部は過去に依存し、一部は創造性に依存する」といっている。現在の一瞬における過去依存性は、すべてのものは以前につくられた同じものの「形の場」から制約を受けて、過去と同じものを現在につくらせるという作用となって現れる。要するに「二度あることは三度ある」という現象になって現れるということだ。

その一方で、すべてが過去の制約のもとで生まれるのではなく、あるとき突然、過去になかったものが生まれることがある。それでシェルドレイク博士は現在の一瞬の一部は創造性に依存するといっているわけだ。しかしその創造性を彼は、まったくの神秘としてしまっている。しかしウィラー博士は、「惑星心場」に創造性の起源を求めるのである。

●ラズローの提唱する「第五の場」

ところで、「場」に宇宙の創造性の起源を求める人が、もうひとりいる。一九三二年、ブダペストに生まれたシステム哲学者アーヴィン・ラズロー博士である。彼はニューヨーク州立大学正教授や国連訓練調査研究所チーフディレクター等を歴任し、原子の世界から人間の社会、宇宙までを貫く原理とその構造を研究するという「システム哲学」を発展させた人として有名である。著作も五十冊以上にのぼり、いまも精力的な活動をしている。その彼が最近『創造する真空《コスモス》』（邦訳、日本教文社）という本を出し、そのなかで「第五の場（ψ《サイ》場）」の存在を提唱しているのである。

彼によると、宇宙に存在する四つの場、つまり重力場、電磁気場、強い核力場、弱い核力場のほかに「第五の場」があって、それが形の形成と伝達の働きをしているという。またそれは「量子真空」といってもいいもので、時間と空間のすべてに遍在しているホログラムのようなものだという。これは宇宙にたしかに実在するもので、私たちと自然界のすべてのものを微妙に結合させてくれる「場」であるというのだ。しかも、それは物理的宇宙にだけではなく、生物界や人間の心と意識にも形を与えるのだという。

その証拠に、各地に自然発生する文化がつながっているように見えることが数多くあると、ラズロー博士は指摘する。たとえばフランス北部のアシュール文化に見られる手斧《ておの》は、アーモンドや涙のような形で左右対称となっている。しかし、その形はほぼすべての原始文化で細部のつくりまでが同じになっているという。

さらに人間がつくり出した巨大ピラミッドは、古代エジプトと、コロンブスの発見以前のアメリカ大陸でほとんど同じデザインになっている。また陶器製造技術や、火をおこす技術などでも、世界中のあらゆる文化でほとんど同じだ。しかも地理的にいって、これらの文化が接触したとは思えない。

それは現代科学でも起こっている。チャールズ・ダーウィンとアルフレッド・ウォーレスがほぼ同時期に生物進化についての自然選択説を考えていたというのはよく知られている。また、ソ連のアレクサンダー・グルヴィッチとオーストリアのポール・ワイスは、一九二〇年代の初めに生物発生において「形態形成場」の存在を考えていた。また「惑星心場」のウィラー博士と、「第五の場」のラズロー博士は互いに知ることなくアメリカとイタリアで同じ考え方を発展させている。

これらの同時並行的現象の原因を私は『なぜそれは起こるのか』で、「シェルドレイクの仮説」から説明を試みた。つまり、あるときある場所である技術が発明されると、それは「形の場」を形成し、その「形の共鳴」作用で、遠く離れた場所に同じような技術が生み出される。科学的な発見についても同様である。

しかし、「惑星心場」や「第五の場」というものの存在を仮定すると、そういう場の創造性や、すべてのものを相互に結合させる性質のために、これらの現象が起こると考えることができるのだ。しかもそれらの「場」のなかには、あらかじめある程度の技術情報や、科学的真実が織り込まれているということにもなる。それを人々はなんらかの形で取り出したからこそ、世界各地でほぼ同じ技術や同時並行的発見がなされたのだ。また、ウィラー博士によれば、人間の心の方から「惑星心場」に影響を及ぼし、その結果、より進化した「惑星心場」からよりよい誘導を、私たちは受けることができるという。それは、私たちが進化に参加できるということを意味しているのだ。

第一章で述べたように、地球という惑星に生命が現れたことをたんなる偶然の積み重ねで説明することは困難である。第二章で述べたように、六十億人もの人間がすべて母親の胎内で奇跡的とも思える過程を経てこの世に誕生してくることは驚異である。そして第三章で述べたように、私たちの暮らす世界には不思議な偶然の一致がしばしば起こる。これらはすべて「惑星心場」と呼べるような大いなる「心の場」の関与なしには説明できないのだ。

●「ガイア」から「フレイア」への発想転換

私はウィラー博士に、「惑星心場」にふさわしい名前をつけてみてはどうかと提案した。すると彼は何日かあとにインスピレーションを得て、「フレイア」(Freya)と命名してはどうか、といってきた。これは、ノルウェーの愛と美の女神の名前だ。ちなみに原語の発音は、フライアーである。またフレイアという言葉は、もともとレディー(貴女)という意味だったという。一説によると、彼女の髪はブロンドで瞳は青く透きとおっている。また詩や歌がとても好きで、二輪車の馬車をネコにひかせて空を飛び、人々の恋愛を助けにいくという。

この女神についてはさまざまな神話が伝えられている。そのひとつにこういう話がある。あるときフレイアが断崖の前を通りかかると、小人たちが家のなかで首飾りをつくっているのが見えた。彼女はその首飾りがどうしても欲しくなって、黄金で買い求めようとした。しかし小人たちは、黄金では売らない、自分たちと寝床《ねどこ》をともにしてくれるならゆずるという。彼女はすこし躊躇したが、誰にでも愛情を分け与える女神のこと、四人の小人と一晩ずつ寝床をともにしたという。そして、小人たちは別れのとき、その首飾りを彼女に贈った。その首飾りは「プリシングの首飾り」といって、のちに彼女がもっとも大切にした宝物だったという。

またこんな話も伝えられている。彼女の夫オードは、よく長い旅に出かけた。そのため彼女は、しばしば、長いあいだひとりで夫の帰りを待たなければならなかった。あるとき、彼女はいくら待ってもオードが帰らなかったので、悲しみの涙を流しながら諸国を探し回った。その涙は各地の岩に落ち、しみ込んで黄金となった。それで、黄金のことを「フレイアの涙」というようになった。黄金が諸国ですこしずつ産するのはそのためである……。なんと美しい愛の物語であろう。

ウィラー博士によると、紀元八～十世紀にかけて活躍したノルウェーのバイキング(スカンジナビア人の海賊)たちのあいだでは、とりわけフレイアが愛と美の女神としてあがめられていたという。またノルウェーの神話ではフレイアの兄はフレイと呼ばれ、愛と平和、そして豊穣《ほうじょう》の神であったという。バイキングたちはこのふたりの神がいっしょになって、この星の生命創造と調和をつかさどると信じていたという。

思えば私たちのすむ地球という惑星は、そのほぼ四分の三が海におおわれている。そしてその海は生命の故郷と思われている。その海を住処《すみか》としていたバイキングたちの信じていた女神の名は、たしかに「惑星心場」を象徴するにふさわしい。まして「惑星心場」が地球の生命誕生と生命進化を誘導するような創造性をもつことは、フレイアのイメージにぴったりではないか。

ウィラー博士が愛の女神の名を「惑星心場」に冠するのは、もうひとつ重大な理由がある。それは、重力、電磁気力、強い核力、弱い核力に続く自然界の五番目の基本的な力が、もしかすると「愛」なのかもしれないと考えているからだ。この考え方は「惑星心場」のもつ創造性が「愛」であるかもしれないということと、ラズロー博士の提唱する「第五の場」が「惑星心場」と同じものかもしれないということを思わせる。

「第五の場」との関係についてはは今後の課題として追究していくつもりだが、ここで注意しなければならないのは「愛」という言葉の意味である。私たち人間が男女で愛し合うことも愛であり、兄弟家族が愛し合うことも愛である。隣人を愛することもしかり、自分を犠牲にしてなんの利益も求めず純粋にほかの人のために尽くすこともまた愛である。これらの愛は程度の差こそあれ、人間以外の動物でも見られる。なぜかというと地球上の生物はみな「惑星心場」のなかに組み込まれて生きているからであり、そういう大いなる「心の場」は自然現象としての「愛」の作用をもっているからなのだ。

またすでに述べたように、「惑星心場」は宇宙のビッグバンによって散りぢりになったほかの天体の「心の場」とつながるため、人類を利用しているのではないかと、ウィラー博士は考えている。たとえば一九六九年にアポロ11号のニール・アームストロング船長が月に人類初の足跡を残したのは、ウィラー博士にしてみれば「惑星心場」の誘導によるものにほかならないのだ。ある報道機関の推定では、アームストロング船長らによる人類初の月面踏査をテレビで見ていたのは、世界で六億人いたという。当時にしては驚異的な人数だ。なぜそんなに多くの人たちが彼らの月面歩行を見守っていたのか。それは「惑星心場」の働きかけで人類の心が宇宙に向かっていたからなのだ。

また、アポロ17号で月面に立ったユージン・サーナン宇宙飛行士は、月から地球を見てこういっている。「地球が偶然にできたにしては美しすぎる。宇宙の探査は私たちの義務であり、運命なのだ」。彼がそう思ったのは、「惑星心場」の働きかけがあるからにほかならない。

バイキングはすぐれた軍人であり探検家だったため、ヨーロッパの港町を征服し、遠隔地の探検に出かけた。それにちなんで現代の火星探査にバイキング・プロジェクトという名前がつけられた。レイブル・エリクソンというバイキングが探検の航海に出て、大きな島にたどり着き、ブドウのなる豊かな草原を見つけた。それは北アメリカの北東海岸であった。コロンブスがアメリカ大陸を発見する、実に五百年も前のことだ。いまから千年前、北欧の土地から海に出ていったバイキングたちの行動は、現代に置き換えれば私たちが宇宙船に乗って宇宙へ旅立つことにも匹敵しよう。

こう考えると、そんなバイキングたちがあがめ信じた女神を、ウィラー博士が「惑星心場」のシンボルとしたいというのもうなずける。博士はひとつの大きなビジョンを心に秘めている。それは「惑星心場」のかかわりのもと、人類がそれぞれの宗教や立場を超えて相互に理解し合い、平和に共生する社会の実現である。また、現在はまだ未完成でおろかな人間が、智恵深く愛にあふれた、より完成度の高い生命へと進化していくことである。それを思うとき、愛と美の女神「フレイア」の名は、きわめて意義深い。

本章の冒頭で述べたように、ジェームズ・ラヴロック博士によって提唱された地球生命体は、作家ウィリアム・ゴールディングによって「ガイア」と名づけられた。ギリシャ神話の「大地の女神」にちなんだものだ。しかしながらこの生命体は、地球全体の物質循環系に認められる生命の特性である「恒常性」に着目してつけられた名前である。いわば地球という生命の身体に対しての命名だったわけだ。

この「ガイア」の誕生によって、私たちは大きなひとつの生命体に組み込まれた存在であることが自覚された。そして、地球環境、つまり「ガイア」の身体のなかの環境を清浄に保たなければならないことが自覚されたのだ。

しかし、いまここで「ウィラーの仮説」の登場によって、その生命体は恒常性をもつひとつの大きな身体であるにとどまらず、大いなる「心」をもっていたと、発想を転換しなければならない。「ガイア」という地球生命体は、実は「惑星心場」というひとつの大いなる心をもった「フレイア」とでも呼べる生命体だったのだと……。そして、私たちの心は「フレイア」の心にすべてつながっており、それゆえ私たち人類はみな心のなかで共鳴し合うことができる。これからの時代、私たち地球人類は、そういう発想のもとに生きていくことが大切なのではないか。「ウィラーの仮説」を研究して、私は心からそう思うのである。

あとがき

本書を執筆中、さまざまな偶然の一致が起こった。いままで本を書いていると私のまわりで少なからず偶然の一致が起こったが、今回ほど不思議な偶然の一致が起こったことはかつてない。それは第三章に述べたとおりである。しかし、いま本書を書き終えて思うと、執筆中にウィラー博士が来日されたのもとても不思議なことであった。

今年七十三歳になる博士は、脳と意識に関する国際学会(「脳と意識に関するTokyo'99国際会議」)が五月(一九九九年)に東京の国連大学で開かれるので、一年くらい前から出席してみたいと考えていたという。「惑星心場」の仮説を発表するためだ。そのころ私は彼の仮説に興味をもち、出版社を通して彼への取材を開始していた。そしてメールを交換し合うほどに、彼と直接会って話してみたいと思うようになっていった。

そうこうするうち、博士も来日の意をかため、友人夫婦といっしょに京都観光も含めて、来日することになった。学会での発表は、ポスター掲示によるものだった。お互いに忙しい日程ではあったが、私は二日間にわたりお会いし、博士にさまざまな話を聞くことができた。その結果、本書の第四章を書くことができたのだが、私は博士とお会いしているうちに、なぜかいいようのない懐かしさと、かぎりない心のやすらぎを感じたのである。博士の心のなかにとてつもなく深い静けさと、愛と、神秘が存在しているからなのだろうか。

博士とお会いしているとき、私はあることに気がついた。博士がカナリア諸島での天文台建設を終えたのが一九八一年で、そのとき、ダーウィンの進化論を真剣に研究しなければならないという衝動を感じたという。「惑星心場」とでもいうような場が進化を誘導していると考えた方がよいのではないかというインスピレーションがあったからである。

私はその頃、趣味で書いていた詩をどうしても一冊の詩集にまとめ出版したいという衝動にかられていた。そして、『心的惑星圏』という題名をつけてほんのわずかの部数だけ自費出版した。なぜそういう題名をつけたかというと、地球という惑星は、そこに生まれた生物のなかに心が出現している不思議な世界なのだと思っていたからだ。そしてそういう世界のひとつの現象として、たとえば詩を書くというような行為が存在すると思っていた。

いま「ウィラーの仮説」に接してみると、人間のなかに心があるのは、どうやら人間のすむ惑星に心的な意識場が実在するから、その場の作用によって私たちのなかに心が生じたということになりそうだ。私が詩集を出したときは、そのようなことは思いつきもしなかった。私は詩を書くことによって、ひとつの心的現象としての瞑想気分が味わえたし、科学と心の世界を融合させた気分も味わえた。そのことが私にとっては大切だったのだ。

しかしながら所詮それは自己満足の域を出るものではなかったようだ。ところがいま、この詩集のネーミングが非常に奇妙であったことに気がついたのである。英語にすると「マインド・プラネット・エリア」とでもいおうか、あるいは「プラネタリー・マインド・フィールド」といってもいいのではないだろうか。つまり、ウィラー博士の提唱している「惑星心場」とほぼ同じ意味をおびていたのである。

しかもその時期がほぼ同じなのだ。私がその詩集を自費出版したのが、一九八〇年十一月のことだ。博士が「惑星心場」を思いついて進化論を研究しなければならないと思った年が、一九八一年だったのだ。博士もこれには大変驚かれていたし、私も非常に驚いた。地球をやさしくつつみ込む女神「フレイア」のささやき声を、そのとき私たちは聞いて、無意識のうちに衝《つ》き動かされていたのだろうか。なんと奇妙なことだろう。

ところで博士は、地球にすむ人はみな旅の途中にいるという。そしてその旅はたぶん「惑星心場」をめざしているのではないかというのだ。また、もしその「惑星心場」と直接交信できる場所が、たとえばエベレスト山の頂上だとしたら、すでに何人もの聖者や先哲たちがかなりの高みまで登っていただろうという。そして昔そのような人たちが山頂をめざしながら考えたことを、彼はほんのすこしだけ改良して、現代科学の言葉で説明しようとしただけだというのである。

「君がいま本で書いていることは、けっして私の独創ではないのだよ。また私や君が誰よりも先んじてエベレスト山を登り始めたのでは、けっしてないのだよ」。博士の仮説のもつ意味、とくに地球ガイアが実は大いなる心をもっていたのだという考え方の素晴らしさをもっと多くの人に知ってもらいたいと語る私に、博士はやさしい父親のようにそういい聞かせるのだった。

そのようなウィラー博士の提唱する「惑星心場」の仮説を本書に紹介できたことは、私の生涯の光栄である。博士がいつまでも健康で、この仮説の研究を続けていってほしいと願っている。そして、ものごとの理にくらい私たちがまちがった方向に進化していかないよう、理論面からの指導をしていただきたいものである。

二〇〇〇年一月

喰代《ほおじろ》　栄一《えいいち》

◎著者紹介＝**喰代栄一**（ほおじろ・えいいち）　昭和四十九年、埼玉大学理工学部生化学科卒業。東京医科歯科大学の研究所に約三年間、研究生として在学。平成五年に『脳に眠る「月のリズム」』（光文社）でデビュー以来、『なぜそれは起こるのか』『こうして未来は形成される』（以上、サンマーク出版）を著すなど、サイエンスライターとして活躍している。

参考文献

本書を執筆するにあたり、主に次の図書等を参考にさせていただきました。著者の方々に深く感謝いたします。

《全般》
『惑星意識《プラネタリー・マインド》』アーナ・A・ウィラー著、野中浩一訳、日本教文社、一九九八年
"*The Planetary Mind*", Arne A. Wyller, MacMurray & Beck, Inc., 1996

《第一章》
『生命《いのち》の暗号』村上和雄著、サンマーク出版、一九九七年
『人生の暗号』村上和雄著、サンマーク出版、一九九九年
『遺伝子からのメッセージ』村上和雄著、日新報道、一九九六年
『最新生命論』最新科学論シリーズ12、学習研究社、一九九〇年
『科学の危機』最新科学論シリーズ30、学習研究社、一九九五年
『科学「大仮説」』最新科学論シリーズ、学習研究社、一九九八年
『大科学論争』最新科学論シリーズ、学習研究社、一九九八年
『生命《DNA》は宇宙を流れる』フレッド・ホイル＋チャンドラ・ウィクラマシンゲ著、茂木健

一郎監修、小沢元彦訳、徳間書店、一九九八年
『生命はいかに創られたか』柳川弘志著、TBSブリタニカ、一九九一年
『分子生物学入門』丸山工作著、講談社ブルーバックス、一九八五年
『分子レベルで見た体のはたらき』平山令明著、講談社ブルーバックス、一九九八年
『変動する地球と生命の起源』藤井陽一郎・石神正浩著、新日本出版社、一九九五年
『生命の塵』クリスチャン・ド・デューブ著、植田充美訳、翔泳社、一九九六年
"*The Creation Hypothesis*", Edited by J. P. Moreland, InterVarsity Press, 1994
"*Cosmos, Bios, Theos*", Edited by Henry Margenau and Roy Abraham Varghese, Open Court Publishing Company, 1992

《第二章》

『人体の神秘』ナショナル・ジオグラフィック・ソサエティ編、日本語版監修 森亘、吉田徹男訳、福武書店、一九八九年
『サイアス』(特集・誕生の神秘)一九九九年九月号、朝日新聞社
『最新人体発生学』William J. Larsen著、相川英三ほか監訳、西村書店、一九九九年
"*Principles of Developement*", Lewis Wolpert. et al., Current Biology Ltd., Oxford University Press, 1998
『生命とはなにか』ボイス・レンズバーガー著、久保儀明・楢崎靖人訳、青土社、一九九九年
『脳と心の正体』ワイルダー・ペンフィールド著、塚田裕三・山河宏共訳、法政大学出版局、一九八七年

『男が知りたい女のからだ』河野美香著、講談社ブルーバックス、一九九九年
『NHKスペシャル　驚異の小宇宙・人体Ⅲ　遺伝子・DNA1』NHK「人体」プロジェクト著、日本放送出版協会、一九九九年
『NHKスペシャル　驚異の小宇宙・人体Ⅲ　遺伝子・DNA4』NHK「人体」プロジェクト著、日本放送出版協会、一九九九年
『人体発生学』第三版、J. LANGMAN著、沢野十蔵訳、医歯薬出版、一九七六年

《第三章》
"*Soul Moments*", Phil Cousineau, Conari Press, 1997
『嫌いじゃないの』林真理子著、文藝春秋、一九九三年
『強運な女になる』林真理子著、中央公論社、一九九七年
『名前にまつわる99の不思議な話』津田良一著、二見書房、一九九七年
『シンクロニシティ』F・D・ピート著、管啓次郎訳、朝日出版社、一九八九年
『シンクロニシティ』フランク・ジョセフ著、宇佐和通訳、KKベストセラーズ、一九九八年

《第四章》
『地球生命圏』J・E・ラヴロック著、スワミ・プレム・プラブッダ訳、工作舎、一九八五年
『世界の名著15　プロティノス・ポルピュリオス・プロクロス』田中美知太郎責任編集、中央公論社、一九八〇年
"*Darwin's Black Box*", Michael J. Behe, Touchstone Books, 1998

"*Eyes & Seeing*", Joan Elma Rahn, Atheneum, New York, 1981
『世界シンボル大事典』ジャン・シュヴァリエ＋アラン・ゲールブラン著、金光仁三郎ほか訳、大修館書店、一九九六年
『脳と心の量子論』治部眞理・保江邦夫著、講談社ブルーバックス、一九九八年
『世界を変える七つの実験』ルパート・シェルドレイク著、田中靖夫訳、工作舎、一九九七年
『創造する真空《コスモス》』アーヴィン・ラズロー著、野中浩一訳、日本教文社、一九九九年
『北欧の神話』山室静著、筑摩書房、一九八二年

《ホームページ紹介》

「心の海」http://www11.big.or.jp/~shinkai/
「シンクロニシティー・ウォッチング」http://www2.saganet.ne.jp/chame/synchro/index.htm
「マインドプラネット」http://members.aol.com/SiWriterEH/MinfPlanet.html

地球《ちきゅう》は心《こころ》をもっている
生命誕生《せいめいたんじょう》とシンクロニシティーの科学《かがく》

初版発行――平成一二年二月一五日

著者――喰代栄一（ほおじろ・えいいち）

発行者――中島省治

発行所――株式会社日本教文社

東京都港区赤坂九―六―四四 〒一〇七―八六七四

電話 〇三（三四〇一）九一一一（代表）

〇三（三四〇一）九一一四（編集）

FAX 〇三（三四〇一）九一三九（代表）

〇三（三四〇一）二六五六（編集）

振替＝〇〇一四〇―四―五五五一九

印刷・製本――光明社

装幀――清水良洋

ISBN4-531-06341-4 Printed in Japan

乱丁本・落丁本はお取替えします。

定価はカバーに表示してあります。